银川市公园绿地
草本植物图册

李　燕　杨　凌◎主编

黄河出版传媒集团
阳　光　出　版　社

图书在版编目（CIP）数据

银川市公园绿地草本植物图册 / 李燕，杨凌主编. 银川：阳光出版社，2024. 11. -- ISBN 978-7-5525-7553-8

Ⅰ. Q949.408-64

中国国家版本馆 CIP 数据核字第 20258DU080 号

银川市公园绿地草本植物图册　　李　燕　杨　凌　主编

责任编辑　薛　雪
封面设计　赵　倩
责任印制　岳建宁

黄河出版传媒集团 阳光出版社 出版发行

出 版 人　薛文斌
地　　址　宁夏银川市北京东路 139 号出版大厦（750001）
网　　址　http://ssp.yrpubm.com
网上书店　http://shop129132959.taobao.com
电子信箱　yangguangchubanshe@163.com
邮购电话　0951-5047283
经　　销　全国新华书店
印刷装订　宁夏银报智能印刷科技有限公司
印刷委托书号　（宁）0031158

开　　本　787 mm × 1092 mm　1/16
印　　张　11
字　　数　150 千字
版　　次　2024 年 11 月第 1 版
印　　次　2024 年 11 月第 1 次印刷
书　　号　ISBN 978-7-5525-7553-8
定　　价　88.00 元

《银川市公园绿地草本植物图册》编委会

主　编

李　燕　银川市林业（园林）有害生物检疫检验站

杨　凌　银川市林业（园林）有害生物检疫检验站

副主编

高丽秀　银川市兴庆区农业农村和水务局

杨　壹　宁夏回族自治区农业宣传教育展览中心

付　晓　宁夏回族自治区仁存渡护岸林场

罗　浩　宁夏哈巴湖国家级自然保护区管理局

兰粉香　银川市林业（园林）有害生物检疫检验站

摄　影

李　燕

前言

银川市，镶嵌于黄河上游宁夏平原之心，东眺浩荡黄河，西倚巍峨贺兰山，坐拥内蒙古高原南缘之地。在中国自然地理的宏伟版图上，它归属西北干旱区域；于七大自然地理分区之中，则隶属于内蒙古高原的干草原与荒漠草原地带。此地地貌纷呈，自西而东，依次铺展着贺兰山的雄浑、洪积扇前的缓坡平原、洪积冲积的广袤、冲积湖沼的细腻、河谷平原的悠长以及河漫滩地的丰饶，海拔 1 010~1 150 m，地面坡度约为 2°，土层深厚肥沃。气候方面，银川市置身于中温带干旱区的怀抱，以其干旱少雨、风沙频仍、日照充沛、蒸发强烈、冬长寒深、春暖迅速、夏短炎热、秋凉早至的独特风貌著称。年平均气温为 8.5 ℃，昼夜温差显著，为 12~15 ℃；年均日照时长约为 2 800~3 000 h，平均年降水量则仅为 203 mm，无霜期约 157 d。正是这份独特的自然禀赋，孕育了银川地区独一无二的生态系统与生物多样性演化轨迹。

银川市绿地蔚然成观，截至 2022 年，公园绿地总面积达 4.25 万亩，各类公园共计 209 处，涵盖综合公园、社区公园、专类公园及游园等，它们如同城市的绿色之肺，以奇景、绿茵、繁花与清新的空气，为市民提供了逃离都市喧嚣、亲近自然的好去处。公园的建设，旨在弥补现代生活偏重物质享受之憾，让每个人都能在这片绿洲中寻觅到自然的慰藉，给心灵以滋养。公园还是市民呼吸新鲜空气、运动娱乐的绝佳场所，其内的舞池、剧场等设施，更是直接满足了市民的集会与休闲需求。此外，公园还扮演着美化环境、提升周边卫生、应对突发灾害（如火灾、地震）避难所等角色。树木葱郁、花草繁茂的城市景观，不仅增添了城市的生机与美感，还有效抑制了尘土，维护了城市的清洁与卫生。

公园绿地中的草本植物，作为景观的重要组成部分，对其保护与利用至关重要。为此，银川市启动了公园绿地草本植物调查，旨在全面摸清全市公园绿地内草本植物的种类、分布及其生长状况，为草本植物的应用研究、合理开发与可持续利用、构建本土化节约型园林提供科学依据。

近年来，随着苗木、种子的频繁调运与园林引种活动的增加，外来林业有害生物入侵的风险也随之加剧。这些在新环境中缺乏天敌的外来植物，可能对农、林、牧、渔业，以及自然景观和生物多样性构成严重威胁。为此，国家多部委联合印发《进一步加强外来物种入侵防控工作方案》，明确了防控目标与任务，并在全国范围内开展外来入侵物种普查。宁夏亦积极响应，将21种草本植物纳入普查范围。城市园林绿地作为人类活动频繁与引种、栽培集中的区域，开展草本植物分布与种类调查显得尤为重要。特别是对那些生长周期长、耐修剪、花期长、花量大、种子产量高的草本植物，需长期监测其生长分布、繁殖表现及自然逸生情况。此举不仅有助于准确掌握草本植物种类、分布与生长状况，科学评估其对生态环境可能造成的影响，为潜在威胁性草本植物的合理利用、风险规避及防控提供基础资料，防止外来植物对脆弱生态造成不可逆损害；而且也能不断提升生态环境保护工作者的专业能力，为全国及区域范围内的联防联治、重点有害生物治理项目等工作提供科学数据支撑。

本书基于对银川市公园绿地内除禾本科外草本植物的详尽调查编纂而成，收录了自然分布、人工引进及随人类活动传入的100余种草本植物，全面描述了它们的形态特征、繁殖方式、生长环境及利用价值。尽管编写团队已尽力确保内容的准确性和完整性，但因调查时间与资源限制及编者能力所限，书中难免存在疏漏与不足，我们诚挚邀请广大读者、专家及同行批评指正，提出宝贵意见。

在此，感谢各位领导、专家对本团队的支持、帮助和悉心指导。特别感谢宁夏大学李小伟老师在照片鉴定上给予我们的大力支持，感谢兰粉香同志在图书编写过程中提供的参考文献资料。

目 录

CONTENTS

1 醉蝶花

Tarenaya hassleriana（Chodat）Iltis

山柑科 Capparaceae　**白菜花属** *Cleome* L.

俗　　名　蝴蝶梅、醉蝴蝶、紫龙须。

形态特征　一年生粗壮草本。株高 1~1.5 m。掌状复叶，小叶 5~7，近花序的常较少，草质，椭圆状披针形或倒披针形，先端渐窄，基部楔形，下延，中间小叶长 4~6 cm，宽 1~2.5 cm，侧生小叶渐小，侧脉 10~15 对；托叶刺状，叶柄长 2~10 cm，常有淡黄色皮刺。总状花序顶生，长达 40 cm；苞片叶状，单生，无柄；花梗长 2~3.5 cm；萼片长约 5 mm；花瓣红、淡红或白色，爪长 0.5~2 cm，无毛，瓣片倒卵状匙形，长 1~1.5 cm；雄蕊 6，花丝长 3.5~4 cm；雌雄蕊柄长 1~3 mm；雌蕊柄长 4~5 cm；子房无毛。果长 5~6.5 cm，中部径约 4 mm，密布网状纹。种子褐色，径约 2 mm，近平滑。

生态习性　我国无野生，各大城市常见栽培；原产热带美洲，现在全球热带至温带栽培以供观赏。花期初夏，果期夏末秋初。

繁殖方式　种子繁殖，扦插繁殖。

应用价值 醉蝶花主要做观赏用，醉蝶花的花瓣轻盈飘逸，盛开时似蝴蝶飞舞，颇为有趣，可在夏秋季节布置花坛、花境，也可进行矮化栽培，将其作为盆栽观赏。在园林应用中，可根据其能耐半阴的特性，种在林下或建筑阴面观赏，也是一种优良的蜜源植物。值得一提的是，醉蝶花对二氧化硫、氯气均有良好的抗性，是非常优良的抗污花卉，在污染较重的工厂矿山也能很好地生长。

2 美人蕉

Canna indica L.

美人蕉科 Cannaceae Juss.　**美人蕉属** *Canna* L.

形态特征 植株全部绿色，高可达 1.5 m。叶片卵状长圆形，长 10~30 cm，宽达 10 cm。总状花序疏花；略超出于叶片之上；花红色，单生；苞片卵形，绿色，长约 1.2 cm；萼片 3，披针形，长约 1 cm，绿色而有时染红；花冠管长不及 1 cm，花冠裂片披针形，长 3~3.5 cm，绿色或红色；外轮退化雄蕊 3~2 枚，鲜红色，其中 2 枚倒披针形，长 3.5~4 cm，宽 5~7 mm，另一枚如存在则特别小，长 1.5 cm，宽仅 1 mm；唇瓣披针形，长 3 cm，弯曲；发育雄蕊长 2.5 cm，花药室长 6 mm；花柱扁平，长 3 cm，一半和发育雄蕊的花丝连合。蒴果绿色，长卵形，有软刺，长 1.2~1.8 cm。

生态习性 喜温暖湿润气候，不耐霜冻，花果期 3—12 月。

繁殖方式 种子繁殖。

利用价值 我国南北各地常有栽培。本种花较小，主要赏叶，可作为园林观赏植物。也可做药用，根茎清热利湿，舒筋活络；治黄疸肝炎，风湿麻木，外伤出血，跌打，子宫下垂，心气痛等。茎叶纤维可制人造棉、织麻袋、搓绳，其叶提取芳香油后的残渣还可做造纸原料。

3 金鱼草

Antirrhinum majus L.

车前科 Plantaginaceae **金鱼草属** *Antirrhinum* L.

俗　　名 龙头花、狮子花、龙口花、洋彩雀。

形态特征 常作一、二年生花卉栽培。茎直立，高 30~80 cm。茎下部的叶对生，上部的互生；叶片披针形至长圆状披针形，长 3~7 cm，先端渐尖，基部楔形，全缘。总状花序顶生，花冠二唇瓣，基部膨大，有火红、金黄、艳粉、纯白和复色等色。蒴果卵形。

生态习性 喜光，耐半阴；喜凉爽，耐寒怕热；喜欢疏松、肥沃、排水良

好的土壤，稍耐石灰质土壤。花果期6—10月。

繁殖方式 主要依靠播种繁殖。

应用价值 习性强健，易栽培，为我国常见的庭园花卉，矮性种常用于花坛、花境或路边栽培观赏，盆栽观赏可置于阳台、窗台等处装饰；高性种常用作切花，也可作背景材料；全草入药，具清热凉血、消肿的功效。

4 平车前

Plantago depressa Willd.

车前科 Plantaginaceae　**车前属** *Plantago* L.

俗　名　车前草、车串串、小车前、小猪耳朵菜。

形态特征　一年生或二年生草本。直根长，具多数侧根，多少肉质；根茎短。叶基生呈莲座状，纸质，椭圆形、椭圆状披针形或卵状披针形，长 3~12 cm，先端急尖或微钝，基部楔形，下延至叶柄，边缘具浅波状钝齿、不规则锯齿或牙齿，脉 5~7 条，两面疏生白色短柔毛；叶柄长 2~6 cm，基部扩大成鞘状。穗状花序 3~10 余个，上部密集，基部常间断，长 6~12 cm；花序梗长 5~18 cm，疏生白色短柔毛；苞片三角状卵形，无毛，龙骨突宽厚；萼片龙骨突宽厚，不延至顶端；花冠白色，无毛，花冠筒等长或稍长于萼片，裂片长 0.5~1 mm，花后反折；雄蕊着生花冠筒内面近顶端，同花柱明显外伸，花药顶端具宽三角状小突起，鲜时白或绿白色，干后变淡褐色；胚珠 5。蒴果卵状椭圆形或圆锥状卵形，长 4~5 mm，于基部上方周裂。种子 4~5，椭圆形，腹面平坦，长 1.2~1.8 mm；子叶背腹向排列。

生态习性　平车前生于草地、河滩、沟边、草甸、田间及路旁。平车前适应性强，在中国从南到北的山间田野、路旁、河边，随处可见。平车前耐寒、耐旱，对土壤要求不严，在温暖、潮湿、向阳、沙质沃土上能生长良好。花期 5—7 月，果期 7—9 月。

繁殖方式 一般为种子繁殖。

应用价值 平车前的种子可以入药，味甘，性寒。有清热利尿，渗湿通淋，清肝明目之效，用于治疗淋病尿闭，暑湿泄泻，目赤肿痛，痰多咳嗽，视物昏花。平车前的嫩叶经过水煮和清水浸泡后也可食用。平车前的适应性强，可作绿化草坪观赏植物。

5 车前

Plantago asiatica L.

车前科 Plantaginaceae　**车前属** *Plantago* L.

俗　名 蛤蟆草、饭匙草、车轱辘菜、蛤蟆叶、猪耳朵。

形态特征 二年生或多年生草本。须根多数，根茎短，稍粗。叶基生呈莲座状，平卧、斜展或直立；叶片薄纸质或纸质，宽卵形至宽椭圆形，先端钝圆至急尖，边缘波状、全缘或中部以下有锯齿、牙齿或裂齿，基部宽楔形或近圆形，多少下延，两面疏生短柔毛；脉5~7条；叶柄基部扩大成鞘，疏生短柔毛。花序3~10个，直立或弓曲上升；花序梗有纵条纹，疏生白色短柔毛；穗状花序细圆柱状，紧密或稀疏，下部常间断；苞片狭卵状三角形或三角状披针形，长过于宽，龙骨突宽厚，无毛或先端疏生短毛。花具短梗；花萼萼片先端钝圆或钝尖，龙骨突不延至顶端，前对萼片椭圆形，龙骨突较宽，两侧片稍不对称，后对萼片宽倒卵状椭圆形或宽倒卵形。花冠白色，无毛，冠筒与萼片约等长，裂片狭三角形，先端渐尖或急尖，具明显的中脉，于花后反折。雄蕊着生于冠筒内面近基部，与花柱明显外伸，花药卵状椭圆形，顶端具宽三角形突起，白色，干后变淡褐色。蒴果纺锤状卵形、卵球形或圆锥状卵形，于基部上方周裂。种子卵状椭圆形或椭圆形，具角，黑褐色至黑色，背腹面微隆起。

生态习性 适应性强，耐寒、耐旱，对土壤要求不严，在温暖、潮湿、向阳、沙质沃土上生长良好。生于草地、沟边、河岸湿地、田边、路旁或村边空旷处。花期 4—8 月，果期 6—9 月。

繁殖方式 种子繁殖。

应用价值 幼苗可食，全草及种子可药用。

6 千屈菜

Lythrum salicaria L.

千屈菜科 Lythraceae **千屈菜属** *Lythrum* Linn.

俗　　名 水柳、中型千屈菜、光千屈菜。

形态特征 多年生草本，根茎横卧于地下，粗壮；茎直立，多分枝，高 30~100 cm，全株青绿色，略被粗毛或密被绒毛，枝通常具 4 棱。叶对生或三叶轮生，披针形或阔披针形，长 4~6 (~10) cm，宽 8~15 mm，顶端钝形或短尖，基部圆形或心形，有时略抱茎，全缘，

无柄。花组成小聚伞花序，簇生，因花梗及总梗极短，因此花枝全形似一大型穗状花序；苞片阔披针形至三角状卵形，长 5~12 mm；萼筒长 5~8 mm，有纵棱 12 条，稍被粗毛，裂片 6，三角形；附属体针状，直立，长 1.5~2 mm；花瓣 6，红紫色或淡紫色，倒披针状长椭圆形，基部楔形，长 7~8 mm，着生于萼筒上部，有短爪，稍皱缩；雄蕊 12，6 长 6 短，伸出萼筒之外；子房 2 室，花柱长短不一。蒴果扁圆形。

生态习性 生于河岸、湖畔、溪沟边和潮湿草地。

繁殖方式 种子繁殖。

应用价值 本种为花卉植物，华北、华东常栽培于水边或作盆栽，供观赏，亦称水枝锦、水芝锦或水柳。全草入药，治肠炎、痢疾、便血；外用于外伤出血。

7 假龙头

Physostegia virginiana Benth.

唇形科 Labiatae **假龙头花属** *Physostegia*

形态特征 多年生宿根草本。茎丛生而直立，四棱形。单叶对生，披针形，亮绿色，边缘具锯齿。穗状花序顶生，每轮有花 2 朵，唇瓣短花茎上无叶，苞片极小，花筒状钟形，有三角形锐齿，上生黏性腺毛，唇口部膨大，排列紧密，夏季开花，花色粉、白、淡紫红等。

生态习性 原产北美，喜温暖、阳光，喜疏松、肥沃、排水良好的沙质壤土，较耐寒，能耐轻霜冻，耐肥。花期 8—10 月。

繁殖方式 种子繁殖，分株繁殖。

应用价值 园林观赏植物，常用于花境、花坛种植。

8 益母草

Leonurus japonicus Houtt.

唇形科 Labiatae　**益母草属** *Leonurus* Linn.

俗　　名　益母夏枯、森蒂、野麻、灯笼草、益母蒿。

形态特征　一年生或二年生草本。有于其上密生须根的主根。茎直立，通常高 30~120 cm，钝四棱形，微具槽，有倒向糙伏毛，在节及棱上尤为密集，在基部有时近于无毛，多分枝，或仅于茎中部以上有能育的小枝条；叶轮廓变化很大，茎下部叶轮廓为卵形，基部宽楔形，掌状 3 裂，裂片呈长圆状菱形至卵圆形，通常长 2.5~6 cm，宽 1.5~4 cm，裂片上再分裂，上面绿色，有糙伏毛，叶脉稍下陷，下面淡绿色，被疏柔毛及腺点，叶脉突出，叶柄纤细，长 2~3 cm，由于叶基下延而在上部略具翅，腹面具槽，背面圆形，被糙伏毛；茎中部叶轮廓为菱形，较小，通常分裂成 3 个或偶有多个长圆状线形的裂片，基部狭楔形，叶柄长 0.5~2 cm；花序最上部的苞叶近于无柄，线形或线状披针形，长 3~12 cm，宽 2~8 mm，全缘或具稀少牙齿；轮伞花序腋生，具 8~15 花；小坚果长圆状三棱形，长 2.5 mm，顶端截平而略宽大，基部楔形，淡褐色，光滑。

生态习性　生于山野、河滩草丛中及溪边湿润处等多处生境。花期 6—8 月，果期 7—9 月。

繁殖方式　种子繁殖。

应用价值　植物全草入药。

9 薄荷

Mentha haplocalyx Briq.

唇形科 Labiatae　**薄荷属** *Mentha* Linn.

俗　　名　香薷草、土薄荷、水薄荷、水益母、野薄荷。

形态特征　多年生草本。具匍匐根状茎。地上茎直立，多分枝，四棱形，具槽，常带紫红色，上部被倒向短柔毛。叶卵状披针形或长圆状披针形，先端锐尖，基部楔形至近圆形，基部以上疏生粗锯齿，两面被微柔毛；叶柄腹凹背凸，被微柔毛。轮伞花序腋生，轮廓球形，具短梗或无梗；花梗短而纤细，被微柔毛或近于无毛；花萼管状钟形，外被微柔毛及腺点，内面无毛，萼齿 5，狭三角状钻形，先端长锐尖；花冠淡紫红色，稍被微柔毛，冠檐 4 裂，上裂片先端 2 裂，较大，余 3 裂片近等大，长圆形，先端钝；雄蕊 4，伸出花冠；花柱略超出雄蕊，先端近相等 2 浅裂，裂片钻形。小坚果卵珠形，黄褐色，具小腺窝。全株具清凉浓香。

生态习性　喜湿润环境，但不耐涝；耐寒、耐热、较耐阴，需丰富的阳光和长日照；对土壤的要求不高。多生于水旁潮湿地、山野湿地、河旁。花果期 7—10 月。

繁殖方式　根茎繁殖、分株繁殖、扦插繁殖。

应用价值　是一种有特种经济价值的芳香作物，各地栽培的品种繁多。幼嫩茎尖可食用或泡茶饮，茎、叶可入药，薄荷油、薄荷脑既作为药用，也广泛用作芳香剂、调味剂。

10 银边翠

Euphorbia marginata Pursh

大戟科 Euphorbiaceae　**大戟属** *Euphorbia* Linn.

俗　　名 高山积雪、象牙白。

形态特征 一年生草本。根纤细，多分枝。茎单一，自基部向上多分枝，高达 80 cm，光滑，常无毛，有时被柔毛。叶互生，椭圆形，长 5~7 cm，先端钝，具小尖头，基部平截稍圆，叶缘白色，全缘；无柄或近无柄，无托叶。花序单生苞叶内或数序聚伞状着生，基部具柄，密被柔毛；总苞钟状，被柔毛，边缘 5 裂，裂片三角形或圆形，边缘与内侧均被柔毛，腺体 4，半圆形，边缘具宽大白色附属物；雄花多数，伸出总苞；雌花 1 枚，子房柄较长，伸出总苞，被柔毛；子房密被柔毛；花柱 3，分离；柱头 2 浅裂。蒴果近球形，具柄，被柔毛，花柱宿存，成熟时分裂为 3 个分果爿。种子圆柱状，淡黄或灰褐色，被瘤或短刺或不明显突起；无种阜。

生态习性 喜温暖、阳光充足环境；不耐寒，耐干旱；不择土壤，喜肥沃而排水良好的疏松砂质壤土；忌湿、涝。花果期 6—9 月。

繁殖方式 种子繁殖为主，也可扦插繁殖。

应用价值 可栽植于风景区、公园及庭院等处布置花坛、花境、花丛，也可作花坛背景材料、盆栽、切花材料、插花配叶。全草可供药用。

11 斑地锦草

Euphorbia maculata L.

大戟科 Euphorbiaceae **大戟属** *Euphorbia* Linn.

俗　　名 大地锦、美洲地锦、紫斑地锦、紫叶地锦。

形态特征 一年生草本。根纤细，茎匍匐，被白色疏柔毛。叶对生，长椭圆形至肾状长圆形，先端钝，基部偏斜，不对称，略呈渐圆形，边缘中部以下全缘，中部以上常具细小疏锯齿；叶面绿色，中部常具有一个长圆形的紫色斑点，叶背淡绿色或灰绿色，新鲜时可见紫色斑，干时不清楚，两面无毛；叶柄极短，托叶钻状，不分裂，边缘具睫毛。花序单生于叶腋，基部具短柄；总苞狭杯状，外部具白色疏柔毛，边缘 5 裂，裂片三角状圆形；腺体 4，黄绿色，横椭圆形，边缘具白色附属物。雄花 4~5，微伸出总苞外；雌花1枚，子房柄伸出总苞外，且被柔毛；子房被疏柔毛；花柱短，近基部合生；柱头 2 裂。蒴果三角状卵形，被稀疏柔毛，成熟时易分裂为 3 个分果爿。种子卵状四棱形，灰色或灰棕色，每个棱面具 5 个横沟，无种阜。

生态习性 生于原野、荒地、路旁、田间、沙丘、海滩、山坡等地。花果期 5—9 月。

繁殖方式 种子繁殖。

应用价值 全草可入药。

12 蓖麻

Ricinus communis L.

大戟科 Euphorbiaceae **蓖麻属** *Ricinus* L.

俗　名 大麻子、老麻子、草麻。

形态特征 一年生粗壮草本或草质灌木。叶互生，近圆形，掌状 7~11 裂，裂片卵状披针形或长圆形，具锯齿；叶柄粗，中空，盾状着生，顶端具 2 盘状腺体，基部具腺体，托叶长三角形，合生，早落。花

雌雄同株，无花瓣，无花盘；总状或圆锥花序，顶生，后与叶对生，雄花生于花序下部，雌花生于上部，均多朵簇生苞腋；花梗细长；雄花花萼裂片 3~5，镊合状排列；雄蕊多数，花丝合成多数雄蕊束；雌花萼片 5，子房密生软刺，花柱 3，深红色，顶部 2 裂，密生乳头状突起。蒴果卵球形或近球形，具软刺，成熟时开裂。种子椭圆形，微扁平，光滑，具淡褐色或灰白色斑纹，种阜大。

生态习性 喜高温，不耐霜，酸碱适应性强，各种土质均可种植，栽培范围广，常逸为野生。花果期 7—10 月。

繁殖方式 种子繁殖。

应用价值 有药用价值。作油脂作物栽培，蓖麻油在工业上用途广。种子误食过量会致人中毒。银川市公园内有少量栽培。

13 地锦

Euphorbia humifusa Willd. ex Schlecht.

大戟科 Euphorbiaceae　**大戟属** *Euphorbia* Linn.

俗　　名 地锦草，铺地锦。

形态特征 一年生草本。茎纤细匍匐，多分枝，基部常红色或淡红色，无毛。叶对生，矩圆形或椭圆形，先端圆钝，基部偏斜，边缘具细锯齿，叶面绿色，叶背淡绿色，有时淡红色，两面无毛或下面被疏柔毛，叶柄极短；托叶小，分裂成丝形。花序单生于叶腋，具短柄；总苞陀螺状，边缘4裂，裂片长三角形膜质；腺体4，矩圆形。雄花数枚，近与总苞边缘等长；子房三棱状卵形，花柱3，分离，柱头2裂。蒴果三棱状球形，无毛，光滑。种子三棱状卵形，灰褐色。

生态习性 生于原野荒地、路旁、田间、沙丘、海滩、山坡等地。花果期6—9月。

繁殖方式 种子繁殖。

应用价值 全草入药。

14 大花野豌豆

Vicia bungei Ohwi

豆科 Leguminosae　**野豌豆属** *Vicia* Linn.

俗　　名　三齿野豌豆、老豆蔓、毛苕子、野豌豆。

形态特征　一年生缠绕或匍匐草本。茎4棱，细弱，多分枝，近无毛；偶数羽状复叶，顶端卷须有分枝；托叶半箭头形，长有锯齿；小叶3~5对，长圆形或狭倒卵长圆形，先端平截微凹，稀齿状，上面叶脉不甚清晰，下面叶脉明显被疏柔毛。总状花序腋生，长于叶或与叶轴近等长；具花2~4朵，着生于花序轴顶端，萼钟形，被疏柔毛，萼齿披针形；花冠蓝紫色，旗瓣倒卵披针形，先端微缺，翼瓣短于旗瓣，长于龙骨瓣；子房柄细长，沿腹缝线被金色绢毛，花柱上部被长柔毛。荚果长圆形，稍扁。种子球形。

生态习性　生于山谷地、草丛、田边、路旁、湿地、荒地。花果期5—7月。

繁殖方式　种子繁殖。

应用价值　可作绿肥和牧草。

15 斜茎黄芪

Astragalus laxmannii Jacq.

豆科 Leguminosae　黄芪属 *Astragalus* Linn.

俗　　名 沙打旺、直立黄耆、直立黄芪。

形态特征 多年生草本。根较粗壮，暗褐色，有时有长主根。茎丛生，直立或斜上。托叶三角形，渐尖，基部稍合生或有时分离；单数羽状复叶，小叶 9~25，长圆形、近椭圆形或狭长圆形，基部圆形或近圆形，有时稍尖，上面疏被伏贴毛，下面较密。总状花序长圆柱状，稀近头状，有多数花；花萼钟状，长 5~6 mm，被黑或白色

毛，有时被黑白混生的毛，萼齿长为筒部的 1/3；花冠近蓝或红紫色，旗瓣长 1.1~1.5 cm，倒卵状长圆形，翼瓣稍短于旗瓣，瓣片稍长于瓣柄，龙骨瓣长 0.7~1 cm；子房密被毛，有短柄。荚果长圆形，顶端具下弯短喙，被黑或褐或与混生的白色毛，假 2 室。种子褐色，肾形。

生态习性 抗逆性强，适应性广，具有抗旱、抗寒、抗风沙、耐瘠薄等特性，且较耐盐碱，但不耐涝。生于向阳山坡灌丛及林缘地带。花期 6—8 月，果期 8—10 月。

繁殖方式 播种繁殖。

应用价值 优良防风固沙保土植物，可作饲草，可压青作基肥、追肥或以其秸秆制作堆、沤肥，种子可药用。

16 广布野豌豆

Vicia cracca L.

豆科 Leguminosae　野豌豆属 *Vicia* Linn.

俗　　名　鬼豆角、落豆秧、草藤、灰野豌豆。

形态特征　多年生草本。株高 40~150 cm。茎攀缘或蔓生，有棱，被柔毛。偶数羽状复叶，叶轴顶端卷须有 2~3 分支；托叶半箭头形或戟形，上部 2 深裂；小叶 7~12 对，互生，矩圆状长椭圆形、披针形或线状披针形，先端锐尖或圆形，具小尖头，基部近圆或近楔形，全缘，叶脉稀疏，呈基生三出脉，不甚清晰。总状花序叶腋生，与

叶轴近等长，花多数，生于花序轴上部；花萼钟状，萼齿 5，下面一个萼齿最长，三角状披针形，上面的萼齿短，三角形；花冠紫色、蓝紫色或紫红色，旗瓣长圆形，中部两侧缢缩呈提琴形，瓣柄与瓣片近等长，翼瓣与旗瓣近等长，明显长于龙骨瓣；子房有柄，胚珠 4~7，花柱弯曲与子房呈大于 90°夹角，上部四周被毛。荚果长矩圆形，顶端有喙，果柄短。种子 3~6，扁圆球形，种皮黑褐色，种脐长相当于种子周长 1/3。

生态习性 生于林间草地、林缘、山坡、河滩及灌丛。花果期 6—10 月。

应用价值 水土保持绿肥作物，嫩时为牛羊等牲畜喜食饲料，花期为蜜源植物之一。

17 苜蓿

Medicago sativa L.

豆科 Leguminosae　**苜蓿属** *Medicago* Linn.

俗　名　紫苜蓿。

形态特征　多年生草本。株高 0.3~1 m。茎直立、丛生以至平卧，四棱形，无毛或微被柔毛。羽状三出复叶；托叶大，卵状披针形；叶柄比小叶短；小叶长卵形、倒长卵形或线状卵形，等大，或顶生小叶稍大，长 1~4 cm，边缘 1/3 以上具锯齿，上面无毛，下面被贴伏柔毛，侧脉 8~10 对；顶生小叶柄比侧生小叶柄稍长。花序总状或头状，长 1~2.5 cm，具 5~10 花；花序梗比叶长；苞片线状锥形，比

花梗长或等长；花长 0.6~1.2 cm；花梗长约 2 mm；花萼钟形，萼齿比萼筒长；花冠淡黄、深蓝或暗紫色，花瓣均具长瓣柄，旗瓣长圆形，明显长于翼瓣和龙骨瓣，龙骨瓣稍短于翼瓣；子房线形，具柔毛，花柱短宽，柱头点状，胚珠多数。荚果螺旋状，紧卷 2~6圈，中央无孔或近无孔，径 5~9 mm，脉纹细，不清晰，有 10~20 种子；种子卵圆形，平滑。

生态习性 全国各地都有栽培或呈半野生状态；生于田边、路旁、旷野、草原、河岸及沟谷等地。花期 5—7 月，果期 6—8 月。

繁殖方式 种子繁殖。

应用价值 各国广泛种植为饲料与牧草。苜蓿以“牧草之王”著称，不仅产量高，而且草质优良，各种畜禽均喜食。人们主要食用苜蓿早春返青时的幼芽，苜蓿芽营养成分高，含有丰富的膳食纤维，且仅有很少的糖类，热量非常低，是一种上佳的高纤维低热量食物。

18 山羊豆

Galega officinalis L.

豆科 Leguminosae　山羊豆属 *Galega* Linn.

形态特征 多年生草本。株高 0.4~1 m。茎直立，节间作之字形曲折，中空，无毛或疏被贴伏毛。羽状复叶长 5~20 cm，托叶宽披针状形，长 0.5~1 cm，先端锐尖，基部箭形，脉纹清晰；具柄；小叶 5~10 对，近对生，长卵形或线状披针形，长 1~5 cm，先端钝，具细尖，基部宽楔形，小叶柄长约 0.5 mm，被毛。总状花序生于茎上部叶腋和顶端，长 8~25 cm；苞片针刺状，长 4~5 mm，基部卵状三角形；花多数；花梗细，短于苞片；花萼筒状，长 4.5 mm，萼齿锥刺形，与萼筒等长或稍短；花冠翠蓝、白或桃红色，花瓣几等长，先端均圆钝，旗瓣倒卵状长圆形，基部渐窄至短瓣柄，翼瓣长圆形，多少与龙骨瓣相连，龙骨瓣稍弯曲。荚果窄圆锥状线形，长 2~4 cm，顶端喙状，具种子多数；种子肾形，长 3 mm，褐色。

生态习性 山羊豆在低温下能安全越冬。可耐水渍 14~21 d；具有抗旱能力，能在年降水量 450 mm 以上地区进行旱作，可在 pH 5.3~5.7 的酸性和 pH 7.5 微碱性土壤上生长良好。花期 6—8 月，果期 7—10 月。

繁殖方式 种子播种繁殖。

应用价值 可作家畜饲料；花美丽供观赏，晒干后供药用，为温性收敛剂，有强壮、发汗、催乳等效能。

19 天蓝苜蓿

Medicago lupulina L.

豆科 Leguminosae　**苜蓿属** *Medicago*

俗　名　天蓝。

形态特征　一至二年生或多年生草本。羽状三出复叶；托叶卵状披针形，长达 1 cm，常齿裂；下部叶柄较长，长 1~2 cm，上部叶柄比小叶短小叶倒卵形、宽倒卵形或倒心形，长 0.5~2 cm，上半部边缘具不明显尖齿，两面被毛，侧脉近 10 对；顶生小叶较大，小叶柄长 2~6 mm，侧生小叶柄甚短。花序小，头状，具 10~20 花；花

序梗细，比叶长，密被贴伏柔毛；苞片刺毛状，甚小；花长 2~2.2 mm；花梗长不及 1 mm；花萼钟形，密被毛，萼齿线状披针形，稍不等长，比萼筒稍长或等长；花冠黄色，旗瓣近圆形，翼瓣和龙骨瓣近等长，均比旗瓣短；子房宽卵圆形，被毛，花柱弯曲，胚珠 1 粒。荚果肾形，长约 3 mm，具同心弧形脉纹，被疏毛，有 1 种子；种子卵圆形，平滑。

生态习性 天蓝苜蓿对于温度的适应性较广，干旱时，虽生长不良，但具强耐性。一般土壤都能生长结籽，耐瘠薄，较耐酸性土壤。耐荫蔽，在荫蔽环境下，茎较细弱、分枝少、趋于直立、植株较高、结实性差。在开阔地，茎多平卧、结实性好。花期 7—9 月，果期 8—10 月。

繁殖方式 种子繁殖。

应用价值 天蓝苜蓿不但是一种优良的豆科牧草，也是一种良好的冬绿草坪和绿肥植物。天蓝苜蓿具有作为草坪草的一些优良特点：匍匐生长，地表侵占能力强，生长量小，盖度大，无须刈割，省时省力，具有作为草坪观赏植物的特征特性；它具有野生种顽强的生存能力和完善的自我恢复机制，只要建植起来能长期繁衍生息。

20 野大豆

Glycine soja Siebold & Zucc.

豆科 Leguminosae　大豆属 *Glycine* Willd.

俗　　名　乌豆、野黄豆、山黄豆。

形态特征　一年生缠绕草本，长 1~4 m。茎、小枝纤细，均疏被褐色长硬毛。叶具 3 小叶，长可达 14 cm；托叶卵状披针形，急尖，被黄色柔毛。顶生小叶卵圆形或卵状披针形，长 3.5~6 cm，宽 1.5~2.5 cm，先端锐尖至钝圆，基部近圆形，全缘，两面均被绢状的糙伏毛，侧生小叶斜卵状披针形。总状花序通常短，稀长可达 13 cm。花较

小，长约 5 mm；花梗密生黄色长硬毛；苞片披针形；花萼呈钟状，上面密生长毛，裂片 5 片，呈三角状披针形，先端锐尖；花冠淡红紫色或白色，旗瓣近圆形，先端微凹，基部具短瓣柄，翼瓣斜倒卵形，有明显的耳，龙骨瓣比旗瓣及翼瓣短小，密被长毛；花柱短而向一侧弯曲。荚果呈长圆形，稍弯，两侧稍扁，长 17~23 mm，宽 4~5 mm，密被长硬毛，种子间稍缢缩，干时易裂。种子 2~3 颗，椭圆形，稍扁，长 2.5~4 mm，宽 1.8~2.5 mm，褐色至黑色。

生态习性 短日性植物，且会随着纬度的变化有差异，主要生长于较为潮湿的环境，潮湿的田边、园边、沟旁、河岸、湖边、灌木丛或芦苇丛中。花期 7—8 月，果期 8—10 月。

应用价值 可药用、饲草植物。

21 环荚黄芪

Astragalus contortuplicatus L.

豆科 Leguminosae　**黄芪属** *Astragalus* Linn.

俗　　名　环荚黄耆。

形态特征　一年生草本。通常由基部分枝，被开展或半开展的白色长柔毛。茎平卧或上升，稀近直立。羽状复叶有13~21片小叶，叶柄长2~2.5 cm；托叶分离，基部与叶柄合生，卵形至长圆状披针形，先端渐尖；小叶长圆状卵形或宽椭圆形，先端微缺或微浅裂状，基部宽楔形。总状花序呈头状花序式，生5~10花，密集；总花梗与花序轴披白色柔毛，较叶短；苞片狭线形，具缘毛；花梗很短；花萼钟状，萼齿狭线形，内面有毛；花冠黄色，旗瓣倒卵状椭圆形，长5.5~7.5 mm，先端微缺，基部渐狭，翼瓣长4.5~6.5 mm，瓣片狭长圆形，长3.5~4 mm，先端钝或尖，基部耳向内弯，瓣柄长2~3 mm，龙骨瓣长5.5~7 mm，瓣片半圆形，长3.5~4.5 mm，先端钝，瓣柄长2.3 mm；子房近无柄，被开展、白色长柔毛。荚果线状长圆形密集，弯成镰刀状或环形，稍扁，近无果梗。种子红棕色，具淡黄色花纹，肾形。

生态习性　一般生于农田中、草地边缘。花果期6—10月。

繁殖方式　种子繁殖。

应用价值　全草可入药。

22 百脉根

Lotus corniculatus Linn.

豆科 Leguminosae　百脉根属 *Lotus* Linn.

俗　　名 五叶草、牛角花。

形态特征 多年生草本，全株散生稀疏白色柔毛或秃净。具主根。茎丛生，平卧或上升，实心，近四棱形。羽状复叶小叶 5 枚；叶轴长 4~8 mm，疏被柔毛，顶端 3 小叶，基部 2 小叶呈托叶状，纸质，斜卵形至倒披针状卵形，中脉不清晰；小叶柄甚短，密被黄色长柔毛。伞形花序；花 3~7 朵集生于总花梗顶端；花梗短，基部有苞

片 3 枚；苞片叶状，与萼等长，宿存：萼钟形，无毛或稀被柔毛，萼齿近等长，狭三角形，渐尖，与萼筒等长；花冠黄色或金黄色，干后常变蓝色，旗瓣扁圆形，瓣片和瓣柄几等长，翼瓣和龙骨瓣等长，均略短于旗瓣，龙骨瓣呈直角三角形弯曲，喙部狭尖；雄蕊两体，花丝分离部略短于雄蕊筒；花柱直，等长于子房成直角上指，柱头点状，子房线形，无毛，胚珠 35~40 粒。荚果直，线状圆柱形，褐色，二瓣裂，扭曲；有多数种子，种子细小，卵圆形，灰褐色。

生态习性 抗寒耐涝，生于湿润而呈弱碱性的山坡、草地、田野或河滩地。花果期 5—10 月。

繁殖方式 种子繁殖。

应用价值 优良的饲草和蜜源植物。具根瘤菌，有改良土壤的功能。

23 黄香草木犀

Melilotus officinalis Pall.

豆科 Leguminosae **草木犀属** *Melilotus* Miller

俗　名 黄香草木樨、辟汗草。

形态特征 二年生草本。茎直立，粗壮，多分枝，具纵棱，微被柔毛。羽状三出复叶；托叶镰状线形，中央有 1 条脉纹，全缘或基部有 1 尖齿；叶柄细长；小叶倒卵形、阔卵形、倒披针形至线形，先端钝圆或截形，基部阔楔形，边缘具不整齐疏浅齿，上面无毛，粗糙，下面散生短柔毛，侧脉 8~12 对，平行直达齿尖，两面均不隆起，顶生小叶稍大，具较长的小叶柄，侧小叶的小叶柄短。总状花序腋生，具花 30~70 朵，初时稠密，花开后渐疏松，花序轴在花期中显著伸展；苞片刺毛状；花长 3.5~7 mm；花梗与苞片等长或稍长；萼钟形，脉纹 5 条，甚清晰，萼齿三角状披针形，稍不等长，比萼筒短；花冠黄色，旗瓣倒卵形，与翼瓣近等长，龙骨瓣稍短或三者均近等长；雄蕊筒在花后常宿存包于果外；子房卵状披针形，花柱长于子房。荚果卵形，先端具宿存花柱，表面具凹凸不平的横向细网纹，棕黑色；种子卵形，黄褐色，平滑。

生态习性 适应中性或偏碱土壤，抗寒耐旱，生于山坡、河岸、路旁、砂质草地及林缘。花果期 6—10 月。

繁殖方式 种子繁殖。

应用价值 根瘤菌固氮能力强，可改良土质作用，常作保土植物；改良后也作牧草；全草含香豆素，可提炼芳香油，用作烟草、食品、医药和化工的芳香剂；花期长，可作蜜源植物。

24 赤瓟

Thladiantha dubia Bunge

葫芦科 Cucurbitaceae　**赤瓟属** *Thladiantha* Bunge

俗　　名 气包、赤包、山屎瓜。

形态特征 攀缘草质藤本。全株被黄白色的长柔毛状硬毛。茎稍粗壮，具纵向棱沟，少分枝；卷须纤细，与叶对生，被长柔毛，单一。单叶互生，叶片宽卵状心形，边缘浅波状，有大小不等的细齿，先端急尖或短渐尖，基部心形，弯缺深，近圆形或半圆形，两面粗糙，脉上有长硬毛，最基部 1 对叶脉沿叶基弯缺边缘向外展开；叶柄稍粗。花单性，雌雄异株，雌雄花均单生于叶腋。雄花的花梗细长，被柔软的长柔毛，花萼筒檐短，近辐状，裂片披针形，向外反折，具 3 脉，两面有长柔毛；花冠黄色，裂片长圆形，上部向外反折，先端稍急尖，具 5 条明显的脉，外面被短柔毛，内面有极短的疣状腺点；雄蕊 5，着生在花萼筒檐部，其中 1 枚分离，其余 4 枚两两稍靠合，花丝极短，有短柔毛；花药卵形；退化子房半球形。雌花单生，花梗细，有长柔毛；花萼和花冠同雄花；退化雄蕊 5，棒状；子房长圆形，外面密被淡黄色长柔毛，花柱无毛，自 3~4 mm 处分 3 叉，柱头膨大，肾形，2 裂。果实卵状长圆形，基部稍变狭，表面橙黄色或红棕色，有光泽，被柔毛，具 10 条明显的纵纹。种子卵形，黑色，平滑无毛。

生态习性 常生于山坡、河谷及林缘湿处。花期 6—8 月，果期 8—10 月。

繁殖方式 种子繁殖。

应用价值 果实和根可入药。

25 早开堇菜

Viola prionantha Bunge

堇菜科 Violaceae　**堇菜属** *Viola* L.

俗　　名 泰山堇菜、毛花早开堇菜。

形态特征 多年生草本。无地上茎；高可达 20 cm。根多条，细长，淡褐色。根状茎垂直。叶多数，均基生，叶在花期长圆状卵形、卵状披针形或窄卵形，长 1~4.5 cm，基部微心形、平截或宽楔形，稍下延，幼叶两侧常向内卷折，密生细圆齿，两面无毛或被细毛，果期叶增大，呈三角状卵形，基部常宽心形；叶柄较粗，上部有窄翅，托叶苍白色或淡绿色，干后呈膜质，2/3 与叶柄合生，离生部分线状披针形，疏生细齿。花紫堇色或紫色，喉部色淡有紫色条纹，径 1.2~1.6 cm；花梗高于叶，近中部有 2 线形小苞片；萼片披针形或卵状披针形，长 6~8 mm，具白色膜质缘，基部附属物末端具不整齐牙齿或近全缘；上方花瓣倒卵形，无须毛，长 0.8~1.1 cm，向上反曲，侧瓣长圆状倒卵形，内面基部常有须毛或近无毛，下瓣连距长 1.4~2.1 cm，距粗管状，末端微向上弯；柱头顶部平或微凹，两侧及后方圆或具窄缘边，前方具不明显短喙，喙端具较窄的柱头孔。蒴果长椭圆形，无毛。种子多数，卵球形，深褐色常有棕色斑点。

生态习性 山地林缘、草坡、路边草地或宅地旁向阳处。花果期 4—9 月。

繁殖方式 种子播种。

应用价值 是一种美丽的早春观赏植物。全草供药用。

26 锦葵

Malva cathayensis M.G.Gilbert, Y. Tang & Dorr

锦葵科 Malvaceae **锦葵属** *Malva* Linn.

俗　　名 棋盘花、金钱紫花葵、小钱花、钱葵、荆葵。

形态特征 二年生或多年生直立草本。株高可达 1 m，分枝多，疏被粗毛。叶圆心形或肾形，5~7 浅裂，裂片先端圆或钝，基部圆或近心形，具圆锯齿，两面近无毛或脉上疏被糙伏毛；叶柄长 4~10 cm，近无毛或上面槽内被长硬毛，托叶偏斜，近卵形，具疏锯齿。花 2~11 朵簇生叶腋；花梗长 1~2 cm，无毛或疏被粗毛；小苞片 3，长圆形，长 3~4 mm，先端钝圆，疏被柔毛；花萼杯状，长 6~8 mm，萼裂片 5，宽三角形，两面被星状疏柔毛；花冠紫红，稀白色，径 3~5 cm；花瓣 5，匙形或倒心形，长约 2 cm，先端微凹，爪具髯毛；雄蕊柱长 0.7~1 cm，被刺毛，花丝无毛；花柱分枝 9~11，被柔毛。分果扁球形，径 5~8 mm；分果爿 9~11，肾形，被柔毛，背部具网纹。种子肾形，黑褐色。

生态习性 锦葵适应性强，在各种土壤上均能生长，其中砂质土壤最适宜，耐寒，耐干旱，不择土壤，生长势强，喜阳光充足。生长适温 15~25 ℃。花期 5—10 月。

繁殖方式 以播种繁殖为主，也可分株，均在秋末或初春进行。它的种子需借助火的烘烤使外壳爆裂，这样水分才能渗入到种子内部，嫩芽就会钻出来。

应用价值 花供园林观赏，地植或盆栽均宜；是中国南北方各城市常见的栽培植物，偶有逸生。锦葵花由于植株较大，且开花不一致，株形不一致，不适宜用作花坛造景，因此多用于花境造景，种植在庭院边角等地，供观赏。

27 野西瓜苗

Hibiscus trionum L.

锦葵科 Malvaceae **木槿属** *Hibiscus* L.

俗　　名 小秋葵、灯笼花、香铃草、火炮草、黑芝麻。

形态特征 一年生直立或平卧草本。茎柔软，被白色星状粗毛。茎下部叶圆形，不裂或稍浅裂，上部叶掌状 3~5 深裂，直径 3~6 cm，中裂片较长，两侧裂片较短，裂片倒卵形至长圆形，常羽状全裂，上面疏被粗硬毛或无毛，下面疏被星状粗刺毛；叶柄长 2~4 cm，被星状粗硬毛和星状柔毛；托叶线形，长约 7 mm，被星状粗硬毛。花

单生叶腋，花梗长 1~2.5 cm，被星状粗硬毛；小苞片 12，线形，长约 8 mm，被粗长硬毛，基部合生；花萼钟形，淡绿色，裂片 5，膜质，三角形，具紫色纵条纹，被长硬毛或星状长硬毛，中部以下合生；花冠淡黄色，内面基部紫色，直径 2~3 cm，花瓣 5，倒卵形，长约 2 cm，外面疏被细柔毛；雄蕊柱长约 5 mm，花丝纤细，花药黄色；花柱分枝 5，无毛，柱头头状。蒴果长圆状球形，直径约 1 cm，被硬毛，果爿 5，果皮薄，黑色。种子肾形，黑色，具腺状突起。

生态习性 常见田间杂草，路旁、田埂、荒坡、旷野等处常见，适生于湿润肥沃的土壤中，抗旱、耐高温、耐风蚀、耐瘠薄。花果期 7—10 月。

繁殖方式 种子繁殖。

应用价值 全草和果实、种子可作药用。

28 费菜

Sedum aizoon (L.)´t Hart

景天科 Crassulaceae **景天属** *Sedum* L.

俗　　名 土三七、三七景天、多花景天三七、田三七。

形态特征 多年生草本。块根胡萝卜状，根状茎粗短；茎直立，无毛，不分枝；叶近革质，互生，窄披针形、椭圆状披针形或卵状披针形，先端渐尖，基部楔形，边缘有不整齐锯齿。聚伞花序有多花，水平分枝，下托以苞叶；花萼片5，线形，肉质，不等长，先端钝；花瓣5，黄色，长圆形或椭圆状披针形，有短尖；雄蕊10，较花瓣短；

鳞片 5，近正方形；心皮 5，卵状长圆形，基部合生，腹面凸出，花柱长钻形。蓇葖果星芒状排列；种子椭圆形。

生态习性 费菜分布广，适应性强，稍耐阴，耐寒，耐干旱瘠薄。多生长于山地林缘灌木丛中、河岸草丛、山坡阴地。花果期 5—9 月。

繁殖方式 分株或扦插繁殖，以扦插繁殖为主。

应用价值 适宜用于城市中一些立地条件较差的裸露地面作绿化覆盖。根或全草药用。

29 佛甲草

Sedum lineare Thunb.

景天科 Crassulaceae　**景天属** *Sedum* L.

俗　名 佛指甲、铁指甲、狗牙菜、金莉插。

形态特征 多年生草本，无毛。茎高 10~20 cm。3 叶轮生，少有 4 叶轮生或对生的，叶线形，先端钝尖，基部无柄，有短距。聚伞状花序顶生，疏生花，中央有一朵有短梗的花，另有 2~3 分枝，分枝常再 2 分枝，着生花无梗；萼片 5，线状披针形，不等长，不具距，有时有短距，先端钝；花瓣 5，黄色，披针形，先端急尖，基部稍狭；雄蕊 10，较花瓣短；鳞片 5，宽楔形至近四方形。蓇葖略叉开，花柱短；种子小。

生态习性 佛甲草适应性极强，不择土壤，可以生长在较薄的基质上，耐干旱能力极强，耐寒力亦较强。野外常见于低山或平地草坡上。花果期 5—8 月。

繁殖方式 种子繁殖、扦插繁殖、分株繁殖。

应用价值 在园林绿化中可用于装饰性花坛、花境，也可作为盆栽、地被植物、屋顶绿化、护坡植物用。目前园林绿化中引种的佛甲草种类有常绿佛甲草、金叶佛甲草、细叶佛甲草和圆叶佛甲草等，叶片颜色有绿色、金黄、蓝色，花色以黄色为主，偶有白色和红色。全草具有药用价值。

30 桔梗

Platycodon grandiflorus（Jacq.）A.DC.

桔梗科 Campanulaceae　**桔梗属** *Platycodon* A. DC.

俗　　名　铃铛花、包袱花。

形态特征　茎高 20~120 cm，通常无毛，不分枝，极少上部分枝。叶全部轮生，部分轮生至全部互生，无柄或有极短的柄，叶片卵形，卵状椭圆形至披针形，基部宽楔形至圆钝，顶端急尖，上面无毛而绿色，下面常无毛而有白粉，有时脉上有短毛或瘤突状毛，边缘具细锯齿。花单朵顶生，或数朵集成假总状花序，或有花序分枝而集成圆锥花序；花萼筒部半圆球状或圆球状倒锥形，被白粉，裂片三角形，或狭三角形，有时齿状；花冠大，蓝色或紫色。蒴果球状，或球状倒圆锥形，或倒卵状。

生态习性 喜凉爽气候，耐寒、喜阳光。生于阳处草丛、灌丛中，少生于林下。以富含磷钾肥的中性夹沙土生长较好。花期 7—9 月。

繁殖方式 种子繁殖。

应用价值 公园内少量用于花境种植，具有较高观赏价值。根可入药。

31 蓝目菊

Dimorphotheca ecklonis DC.

菊科 Composiate　**异果菊属** *Dimorphotheca* Moench

俗　　名 非洲异果菊、非洲万寿菊、南非万寿菊。

形态特征 多年生草本。具分枝，株高 20~50 cm。叶互生，长椭圆形，先端尖，基部渐狭成楔形，边缘具稀疏齿牙。头状花序，单生，花大，花径 5~10 cm，花色繁多，舌状花有黄色、红色、紫色等，管状花为蓝褐色。

生态习性 忌炎热，适宜温度 18~26 ℃，喜向阳环境。宜排水良好的土壤。菊科菊属多年生草本植物，常作一年生栽培。花期春至夏。

繁殖方式 种子繁殖。

应用价值 花色多样，色彩艳丽，我国园林常见应用，可用于花境、花带成片种植，也适合丛植于山石边、墙边或一隅点缀，也是花坛、花台的首选材料。

32 蒲公英

Taraxacum mongolicum Hand.-Mazz.

菊科 Compositae　**蒲公英属** *Taraxacum* F. H. Wigg.

俗　　名　黄花地丁、婆婆丁、蒙古蒲公英、灯笼草、姑姑英、地丁。

形态特征　多年生草本。叶倒卵状披针形、倒披针形或长圆状披针形，长4~20 cm，边缘有时具波状齿或羽状深裂，有时倒向羽状深裂或大头羽状深裂，顶端裂片较大，三角形或三角状戟形，全缘或具齿，每侧裂片3~5，裂片三角形或三角状披针形，通常具齿，平展或倒向，裂片间常生小齿，基部渐窄成叶柄，叶柄及主脉常带红紫色，

疏被蛛丝状白色柔毛或几无毛。花莛 1 至数个，高 10~25 cm，上部紫红色，密被总苞钟状，长 1.2~1.4 cm，淡绿色，总苞片 2~3 层，外层卵状披针形或披针形，长 0.8~1 cm，边缘宽膜质，基部淡绿色，上部紫红色，先端背面增厚或具角状突起；内层线状披针形，长 1~1.6 cm，先端紫红色，背面具小角状突起。瘦果倒卵状披针形，暗褐色，长约 4~5 mm，上部具小刺，下部具成行小瘤，顶端渐收缩成长约 1 mm 圆锥形或圆柱形喙基，喙长 0.6~1 cm，纤细；冠毛白色，长约 6 mm。

生态习性 广泛生于中、低海拔地区的山坡草地、路边、田野、河滩。花期 4—9 月，果期 5—10 月。

繁殖方式 采用种子繁殖。

应用价值 蒲公英花期较长，具有观赏价值 ，蒲公英富含各类维生素，可生吃、炒食、做汤，是药食兼用的植物。

33 小蓬草

Erigeron canadensis（L.）Cronq.

菊科 Compositae　**白酒草属** *Conyza* Less.

俗　　名　小飞蓬、加拿大蓬、飞蓬、小白酒草、蒿子草。

形态特征　一年生草本。根纺锤状，具纤维状根。茎直立，圆柱状，多少具棱，有条纹，被疏长硬毛，上部多分枝。叶密集，基部叶花期常枯萎，下部叶倒披针形，顶端尖或渐尖，基部渐狭成柄，边缘具疏锯齿或全缘，中部和上部叶较小，线状披针形或线形，近无柄或无柄，全缘或少有具 1~2 个齿，两面或仅上面被疏短毛边缘常

被上弯的硬缘毛。头状花序多数，小，排列成顶生、多分枝的圆锥花序；花序梗细，总苞近圆柱状；总苞片2~3层，淡绿色，线状披针形或线形，顶端渐尖，背面被疏毛，边缘干膜质，无毛；花托平，具不明显突起；雌花多数，舌状，白色，舌片小，稍超出花盘，线形，顶端具2钝小齿；两性花淡黄色，花冠管状，上端具4或5个齿裂，管部上部被疏微毛。瘦果线状披针形，稍扁压，被贴微毛；冠毛污白色，1层，糙毛状。

生态习性 生长于旷野、荒地、田边、河谷、沟旁和路边，为一种常见的杂草。花期5—9月。

繁殖方式 种子繁殖。

应用价值 嫩茎、叶可作猪饲料；全草可入药。

危害性 外来入侵植物，适应性强，各种气候条件和土壤均能生长；繁殖能力极强，能产生大量的瘦果，借冠毛随风扩散，蔓延入侵速度极快，尤其对秋熟作物及果园、茶园危害重；可以通过分泌化感物质抑制邻近植物的生长，破坏入侵地的生态系统和种群结构，降低生物多样性；是棉铃虫、棉蝽象的中间宿主。

34 苍耳

Xanthium strumarium L.

菊科 Compositae **苍耳属** *Xanthium* L.

俗　名 苍子、猪耳、胡苍子、痴头婆、绵苍浪子、苍浪子、刺八裸、野茄子、老苍子、苍耳子、虱马头、粘头婆。

形态特征 一年生草本，高 20~90 cm。根纺锤状，分枝或不分枝。茎直立不枝或少有分枝，下部圆柱形，上部有纵沟，被灰白色糙伏毛。叶三角状卵形或心形，近全缘，或有 3~5 不明显浅裂，顶端尖或钝，基部稍心形或截形，与叶柄连接处呈相等的楔形，边缘有不规则的粗锯齿，有三基出脉，侧脉弧形，直达叶缘，脉上密被糙伏毛，上面绿色，下面苍白色，被糙伏毛；叶柄长 3~11 cm。雄性的头状花序球形，有或无花序梗，总苞片长圆状披针形，被短柔毛，花托柱状，托片倒披针形，顶端尖，有微毛，有多数的雄花，花冠钟形，管部上端有 5 宽裂片；花药长圆状线形；雌性的头状花序椭圆形，外层总苞片小，披针形，被短柔毛，内层总苞片结合成囊状，宽卵形或椭圆形，绿色，淡黄绿色或有时带红褐色，在瘦果成熟时变坚硬，外面有疏生的具钩状的刺，刺极细而直，基部微增粗或几不增粗，基部被柔毛，常有腺点，或全部无毛；喙坚硬，锥形，上端略呈镰刀状，常不等长，少有结合而成 1 个喙。瘦果 2，倒卵形。

生态习性 常见田间杂草，总苞具钩状的硬刺，可黏附于家畜和人的衣服上，远距离散布。常生长于平原、丘陵、荒野、路边、田边、干旱山坡。花果期 7—10 月。

繁殖方式 主要为种子繁殖。

应用价值 种子可榨油，可作油漆、油墨、肥皂、油毡、润滑油的原料。果实可供药用。

35 长药八宝

Hylotelephium spectabile（Boreau）H. Ohba

景天科 Crassulaceae　**八宝属** *Hylotelephium* H. Ohba

俗　　名 八宝景天。

形态特征 多年生草本。茎直立，高 30~70 cm。叶对生，或 3 叶轮生，卵形至宽卵形，或长圆状卵形，长 4~10 cm，宽 2~5 cm，先端急尖，钝，基部渐狭，全缘或多少有波状牙齿。花序大形，伞房状，顶生，直径 7~11 cm；花密生，直径约 1 cm，萼片 5，线状披针形至宽披针形，长 1 mm，渐尖；花瓣 5，淡紫红色至紫红色，披针形

至宽披针形，长 4~5 mm，雄蕊 10，长 6~8 mm，花药紫色；鳞片 5，长方形，长 1~1.2 mm，先端有微缺；心皮 5，狭椭圆形，长 4.2 mm，花柱长 1.2 mm 在内。蓇葖直立。

生态习性 喜日光充足、温暖、干燥通风环境，忌水湿，对土壤要求不严格。性较耐寒、耐旱。花期 8—9 月，果期 9—10 月。

繁殖方式 可用扦插法，分株法和播种法。

应用价值 长药八宝可用来布置花坛、做网圈、方块、云卷、弧形、扇面等造景，也可以用作地被植物，植株整齐，生长健壮，群体效果佳，是布置花境和点缀草坪、岩石园的好材料。

36 千瓣葵

Helianthus decapetalus Linn.

菊科 Compositae　**向日葵属** *Helianthus* L.

形态特征 多年生草本。株高 50~100 cm。根茎先端稍块状肥大，绿色，有时具根茎。茎上部有分枝，枝条有软毛或粗刚毛，卵形至卵状披针形，叶互生，薄，卵形至卵状披针形，叶缘有锯齿，三出脉。叶表有粗毛，上部叶通常互生，先端急尖渐尖，基部圆形或截形，下延成叶柄，边缘具锯齿，表面粗糙，背面被柔毛。头状花序多数，花径约 10~12 cm。在茎顶呈伞房状，总苞半球形，总苞片线状披针形，舌状花亮黄色，管状花黄色，心部为两性的管状花，黄绿色，栽培种全变为舌状，瘦果、光滑，重瓣花金黄色。瘦果灰色或黑色。

生态习性 千瓣葵性喜温暖气候，喜阳光充足的环境，不甚耐阴，耐寒耐暑，喜潮湿，稍耐旱，生长势强，对土壤要求不严格，但在富含腐殖质肥沃、排水良好的黏质壤土生长茁壮。自然花期 7—9 月。果熟期 9—10 月。

繁殖方式 以播种繁殖为主。

应用价值 千瓣葵黄色花朵，明亮醒目，给人以成熟、丰收之感，所以可用于花境及河道、公路两侧，也可在大面积绿地广为栽植，形成野趣，还可盆栽观赏，园林中多用于庭院绿化、布置花坛，美化环境，亦可剪取花枝供瓶插之用。其多花性种适合做切花栽培。

37 乳苣

Lactuca tatarica （L.）C.A.Mey.

菊科 Compositae　**乳苣属** *Mulgedium* Cass

俗　名　苦苦菜、苦菜、紫花山莴苣、蒙山莴苣。

形态特征　多年生草本。株高 15~60 cm。根垂直直伸。茎直立，有细条棱或条纹。上部有圆锥状花序分枝，全部茎枝光滑无毛。中下部茎生叶长椭圆形、线状长椭圆形或线形，基部渐窄成短柄或无柄，长 6~19 cm，羽状浅裂、半裂或有大锯齿，侧裂片 2~5 对，侧裂片半椭圆形或偏斜三角形，顶裂片披针形或长三角形；向上的叶与中

部叶同形或宽线形；两面无毛，裂片全缘或疏生小尖头或锯齿。头状花序排成圆锥花序；总苞圆柱状或楔形，长 2 cm；总苞片 4 层，背面无毛，带紫红色，中外层卵形或披针状椭圆形，长 3~8 mm，内层披针形或披针状椭圆形，长 2 cm；舌状小花紫或紫蓝色。瘦果长圆状披针形，灰黑色，长 5 mm；冠毛白色，长 1 cm。

生态习性 生于河滩、湖边、草甸、田边、固定沙丘或砾石地。花果期 6—9 月。

应用价值 乳苣是高山草甸和荒漠常见种，对于水土保持具有重要作用。乳苣为中上等饲用植物，各种家畜都采食。也可做园林栽培植物。

38 蓍

Achillea millefolium L.

菊科 Compositae　**蓍属** *Achillea* L.

俗　　名 蚰蜒草、千叶蓍。

形态特征 多年生草本。茎常被白色长柔毛。叶无柄，披针形、长圆状披针形或近线形，长 5~7 cm，二至三回羽状全裂，主轴宽约 1.5~2 mm，回裂片多数，小裂片披针形或线形，长 0.5~1.5 mm，先端具软骨质短尖，上面密生凹入腺体，稍被毛，下面被较密贴伏长柔毛；下部叶长 10~20 cm。头状花序多数，密集成复伞房状；总苞长圆形或近卵圆形，宽约 3 mm，疏生柔毛，总苞片 3 层，覆瓦状排列，椭圆形，宽 1~1.3 mm，边缘膜质，棕或淡黄色，背面散生黄色亮腺点，上部被柔毛；舌状花 5，舌片近圆形，白、粉红或淡紫红色，宽 2~2.5 mm，先端 2~3 齿；盘花管状，黄

色，冠檐 5 齿裂，具腺点。瘦果长圆形，淡绿色。

生态习性 常生长在林缘、路旁、屋边及山坡向阳处。喜阳光充足的环境，也耐半阴，耐寒性强，因其具有适应性强、花色优雅、花姿美丽、耐寒，喜温暖、湿润，阳光充足及半阴处皆可正常生长。花果期7—9 月。

繁殖方式 多用播种或分株等方法进行繁殖，也可用扦插的方法进行繁殖。

应用价值 蓍花期持久，是布置花坛的理想材料，尤其是其耐高温能力强，是夏季花坛不可多得的花材，其小巧、玲珑、珍珠般的花朵与常见花卉植物相比也相当引人注目。

39 五月艾

Artemisia indica Willd.

菊科 Compositae　**蒿属** *Artemisia*

俗　　名 艾、野艾蒿、生艾、艾叶、狭叶艾、白艾。

形态特征 亚灌木状草本。植株具浓香。茎单生或少数，高达 1.5 m，分枝多；茎、枝初微被柔毛。叶上面初被灰白或淡灰黄色绒毛，下面密被灰白色蛛丝状绒毛；基生叶与茎下部叶卵形或长卵形，（一）二回羽状分裂或近大头羽状深裂，一回全裂或深裂，每侧裂片 3~4，裂片椭圆形，上半部裂片大，二回为裂齿或为粗齿，中轴有时有窄翅，叶柄短；中部叶卵形、长卵形或椭圆形，长 5~8 cm，一（:）回羽状全裂或大头羽状深裂，每侧裂片 3（4），裂片椭圆状披针形、线状披针形或线形，长 1~2 cm，不裂或有 1~2 裂齿，近无柄，假托叶小；上部叶羽状全裂；苞片叶 3 全裂或不裂。头状花序直立或斜展，卵圆形、长卵圆形或宽卵圆形，径 2~2.5 mm，具短梗及小苞叶，在分枝排成穗形总状或复总状花序，在茎上组成开展或中等开展的圆锥花序；总苞片背面初微被灰白色绒毛；雌花 4~8；两性花 8~12，檐部紫色。瘦果长圆形或倒卵圆形。

生态习性 五月艾多生于低海拔或中海拔湿润地区的路旁、林缘、坡地及灌丛处，喜温暖、阳光充足的环境，耐热、耐旱，较耐寒。不择土壤，中性及微碱性土壤均可生长。花果期 8—10 月。

繁殖方式 一般为根茎繁殖和种子繁殖。

应用价值 可食用，可药用。

40 蒌蒿

Artemisia selengensis Turcz. ex Bess.

菊科 Compositae　**蒿属** *Artemisia*

俗　　名　芦、蒿、芦蒿、水蒿、蒌蒿。

形态特征　多年生草本。植株具清香气味。茎少数或单一，高达 1.5 m，无毛，上部分枝；叶上面无毛或近无毛，下面密被灰白色蛛丝状平贴绵毛；茎下部叶宽卵形或卵形，长 8~12 cm，近成掌状或指状 5 裂或 3 裂或深裂，稀间有 7 裂或不裂的叶，裂片线形或线状披针形，长 5~7（8）cm，叶柄长 0.5~2（–5）cm，无假托叶；中部叶近成掌状 5 深裂或指状 3 深裂，稀间有不裂之叶，裂片长椭圆形、椭圆状披针形或线状披针形，长 3~5 cm，叶缘或裂片有锯齿，基部楔形，渐窄成柄状；上部叶与苞片叶指状 3 深裂、2 裂或不裂。头状花序多数，长圆形或宽卵形，径 2~2.5 mm，在分枝上排成密穗状花序，在茎上组成窄长圆锥花序；总苞片背面初疏被灰白色蛛丝状绵毛；雌花 8~12；两性花 10~15。瘦果卵圆形。

生态习性　多生于低海拔地区的河湖岸边与沼泽地带，在沼泽化草甸地区常形成小区域植物群落的优势种与主要伴生种；可挺立水中生长，也见于湿润的疏林中、山坡、路旁、荒地等。花果期 7—10 月。

繁殖方式　根茎繁殖、种子繁殖。

应用价值　全草入药，嫩茎及叶可食用。

41 旋覆花

Inula japonica Thunb.

菊科 Compositae　**旋覆花属** *Inula* L.

俗　名　金佛花，金佛草、六月菊、金钱花、小旋覆花、旋复花。

形态特征　多年生草本。根状茎短，横走或斜升，有粗壮的须根。茎单生，有时 2~3 个簇生，直立，高 30~70 cm，有时基部具不定根，基部径 3~10 mm，有细沟，被长伏毛，或下部有时脱毛，上部有上升或开展的分枝，全部有叶；节间长 2~4 cm。基部叶常较小，在花期枯萎；中部叶长圆形，长圆状披针形或披针形，长 4~13 cm，

宽 1.5~3.5 cm（稀 4 cm），基部多少狭窄，常有圆形半抱茎的小耳，无柄，顶端稍尖或渐尖，边缘有小尖头状疏齿或全缘，上面有疏毛或近无毛，下面有疏伏毛和腺点；中脉和侧脉有较密的长毛；上部叶渐狭小，线状披针形。头状花序径 3~4 cm，多数或少数排列成疏散的伞房花序；花序梗细长。总苞半球形，径 13~17 mm，长 7~8 mm；总苞片约 6 层，线状披针形，近等长，但最外层常叶质而较长；外层基部革质，上部叶质，背面有伏毛或近无毛，有缘毛；内层除绿色中脉外干膜质，渐尖，有腺点和缘毛。舌状花黄色，是总苞长 2~2.5 倍；舌片线形，长 10~13 mm；管状花花冠长约 5 mm，有三角披针形裂片；冠毛 1 层，白色有 20 余个微糙毛，与管状花近等长。瘦果长 1~1.2 mm，圆柱形，有 10 条沟，顶端截形，被疏短毛。

生态习性 性喜阳光，根系发达，抗病虫，耐寒、耐干旱、耐土壤贫瘠。生于山坡路旁、湿润草地、河岸和田埂上。花果期 6—10 月。

繁殖方式 种子繁殖、分株繁殖。

应用价值 可用于花坛、花境种植或丛植；根、茎、叶及花有药用价值。

42 一枝黄花

Solidago decurrens Lour.

菊科 Compositae　**一枝黄花属** *Solidago* L.

俗　　名　千斤癀、兴安一枝黄花。

形态特征　多年生草本。茎直立，通常细弱，单生或少数簇生，不分枝或中部以上有分枝。中部茎叶椭圆形、长椭圆形、卵形或宽披针形，长 2~5 cm，宽 1~1.5（2）cm，下部楔形渐窄，有具翅的柄，仅中部以上边缘有细齿或全缘；向上叶渐小；下部叶与中部茎叶同形，有长 2~4 cm 或更长的翅柄。全部叶质地较厚，叶两面、沿脉及叶缘有短柔毛或下面无毛。头状花序较小，长 6~8 mm，宽 6~9 mm，多数在茎上部排列成紧密或疏松的长 6~25 cm 的总状花序或伞房圆锥花序，少有排列成复头状花序的。总苞片 4~6 层，披针形或披狭针形，顶端急尖或渐尖，中内层长 5~6 mm。舌状花舌片椭圆形，长 6 mm。瘦果长 3 mm，无毛，极少有在顶端被稀疏柔毛的。

生态习性　喜凉爽湿润的气候，耐寒，适宜砂质土壤或黏质土壤栽培。生于阔叶林缘、林下、灌丛中、山坡草地上及路边。花果期 5—10 月。

繁殖方式　种子繁殖、分株繁殖等。

应用价值　全草或根可供药用。

43 中华苦荬菜

Ixeris chinensis (Thunb.) Nakai

菊科 Compositae **小苦荬属** *Ixeridium* (A. Gray) Tzvel.

俗　　名 山鸭舌草、山苦荬、黄鼠草、小苦苣、苦麻子、苦菜、中华小苦荬。

形态特征 多年生草本。株高 5~47 cm。根垂直直伸，通常不分枝，根状茎极短缩。茎直立单生或少数茎成簇生，基部直径 1~3 mm，上部伞房花序状分枝；基生叶长椭圆形、倒披针形、线形或舌形，包括叶柄长 2.5~15 cm，宽 2~5.5 cm，顶端钝或急尖或向上渐窄，基部渐狭成有翼的短或长柄，全缘，不分裂亦无锯齿或边缘有尖齿或凹齿，或羽状浅裂、半裂或深裂，侧裂片 2~7 对，长三角形、线状三角形或线形，自中部向上或向下的侧裂片渐小，向基部的侧裂片常为锯齿状，有时为半圆形；茎生叶 2~4 枚，极少 1 枚或无茎叶，长披针形或长椭圆状披针形，不裂，边缘全缘，顶端渐狭，基部扩大，耳状抱茎或至少基部茎生叶的基部有明显的耳状抱茎；全部叶两面无毛；头状花序通常在茎枝顶端排成伞房花序，含舌状小花 21~25 枚；总苞圆柱状，长 8~9 mm；总

苞片 3~4 层，外层及最外层宽卵形，长 1.5 mm，宽 0.8 mm，顶端急尖，内层长椭圆状倒披针形，长 8~9 mm，宽 1~1.5 mm，顶端急尖；舌状小花黄色，干时带红色；瘦果褐色，长椭圆形，长 2.2 mm，宽 0.3 mm，有 10 条高起的钝肋，肋上有上指的小刺毛，顶端急尖成细喙，喙细，细丝状，长 2.8 mm；冠毛白色，微糙，长 5 mm。

生态习性 生于山坡路旁、田野、河边灌丛或岩石缝隙中。花果期 5—10 月。

繁殖方式 种子繁殖。

应用价值 可做园林观赏植物，用于盆栽和栽植槽观赏。

44 紫菀

Aster tataricus L. f.

菊科 Compositae　**紫菀属** *Aster* L.

俗　名　还魂草、青菀、驴耳朵菜、驴夹板菜、山白菜、青牛舌头花、返魂草。

形态特征　多年生草本。茎疏被粗毛。叶疏生，基生叶长圆形或椭圆状匙形，基部渐窄成长柄，连柄长 20~50 cm，边缘有具小尖头圆齿或浅齿；茎下部叶匙状长圆形，基部渐窄或骤窄成具宽翅的柄，除顶部外有密齿；中部叶长圆形或长圆状披针形，无柄，全缘或有浅齿；

上部叶窄小；叶厚纸质，上面被糙毛，下面疏被粗毛，沿脉较密，侧脉6~10对。头状花序径2.5~4.5 cm，多数在茎枝顶端排成复伞房状，花序梗长，有线形苞叶；总苞半球形，径1~2.5 cm，总苞片3层，覆瓦状排列，线形或线状披针形，先端尖或圆，被密毛，边缘宽膜质，带红紫色；舌状花约20，舌片蓝紫色。瘦果倒卵状长圆形，紫褐色，上部被疏粗毛；冠毛1层，污白或带红色，有多数糙毛。

生态习性 生于低山阴坡湿地、山顶、低山草地及沼泽地。花期7—9月，果期8—10月。

繁殖方式 主要通过近地面的细根繁殖、种子繁殖和分株繁殖。

应用价值 园林绿化方面可作盆栽，用于花坛、花境和园林景点的布置。同时，可点缀岩石旁、林缘空隙地，显得幽静，摆放自然建筑物前和小庭院，因其适应性强，临水岸边也能种植，群植效果甚佳，适宜公园、风景区林缘坡地、草坪一隅、河湖岸边布置，绿化城市。

45 刺儿菜

Cirsium setosum（Willd.）MB.

菊科 Compositae **蓟属** *Cirsium* Mill. emend. Scop.

俗　名 大蓟、小蓟、大小蓟、大刺儿菜。

形态特征 多年生草本。茎直立，上部有分枝，花序分枝无毛或有薄绒毛。基生叶和中部茎生叶椭圆形、长椭圆形或椭圆状倒披针形，顶端钝或圆形，基部楔形，有时有极短的叶柄，通常无叶柄，上部茎叶渐小，椭圆形、披针形或线状披针形；茎生叶均不裂，叶缘有细密针刺，针刺紧贴叶缘；或大部茎叶羽状浅裂或半裂或边缘有粗大圆锯齿，裂片或锯齿斜三角形，顶端钝，齿顶及裂片顶端有

较长的针刺，齿缘及裂片边缘的针刺较短且贴伏；全部茎叶两面绿色或下面色淡，无毛，稀下面被绒毛呈灰色或两面被薄绒毛。头状花序单生茎枝顶或数个生于茎枝顶端排成伞房花序；总苞卵圆形或长卵形，总苞片约 6 层，覆瓦状排列，向内层渐长，先端有针刺，内层及最内层长椭圆形或线状披针形，膜质；雌雄异株，花冠紫红色。瘦果淡黄色，椭圆形或偏斜椭圆形，压扁，顶端斜截；冠毛污白色，多层，整体脱落；冠毛刚毛长羽毛状，顶端渐细。

生态习性 适应性很强，任何气候条件下均能生长。可生长于平原、丘陵、山地、荒地、耕地、路边、河旁、田间或村旁。花果期 7—9 月。

繁殖方式 种子繁殖。

应用价值 幼嫩时期可作饲草；是秋季蜜源植物；根茎具药用价值。

46 粗毛牛膝菊

Galinsoga quadriradiata Ruiz et Pav.

菊科 Compositae　**牛膝菊属** *Galinsoga* Ruiz et Pav.

俗　　名 睫毛牛膝菊。

形态特征 一年生草本。茎纤细，茎枝，尤以接花序以下，被开展稠密的长柔毛。叶对生，卵形至卵状披针形，基出三脉或有不明显五出脉，叶边缘有粗锯齿或犬齿。头状花序半球形，多数，顶生，具长花梗，呈伞状排列；总苞半球形，绿色；总苞片 1~2 层，外层短，内层卵形，白色，膜质；舌状花 4~5 个，舌片白色，顶端 3 齿裂，筒部细管状；管状花花冠黄色，下部被稠密的白色短柔毛。托叶倒披针形，纸质。瘦果三棱，黑色。

生态习性 生于荒野、河边、田间、林下、路旁或荒地。花果期 7—10 月。

繁殖方式 种子繁殖。

应用价值 全草及花序可入药。

47 翠菊

Callistephus chinensis（L.）Nees

菊科 Compositae　**翠菊属** *Callistephus* Cass.

俗　名　江西腊，五月菊。

形态特征　一年生或二年生草本。茎直立，单生，有纵棱，被白色糙毛，分枝斜升或不分枝。下部茎叶花期脱落或生存；中部茎叶卵形、菱状卵形或匙形或近圆形，顶端渐尖，基部截形、楔形或圆形，边缘有不规则的粗锯齿，两面被稀疏的短硬毛，叶柄被白色短硬毛，有狭翼；上部的茎叶渐小，菱状披针形，长椭圆形或倒披针形，边缘有

1~2 个锯齿，或线形而全缘。头状花序单生于茎枝顶端，有长花序梗。总苞半球形；总苞片 3 层，近等长，外层长椭圆状披针形或匙形，叶质，顶端钝，边缘有白色长睫毛，中层匙形，较短，质地较薄，染紫色，内层苞片长椭圆形，膜质，半透明，顶端钝。雌花 1 层或多层，红色、淡红色、蓝色、黄色或淡蓝紫色等，舌状花有长 2~3 mm 的短管部；两性花花冠黄色。瘦果长椭圆状倒披针形，稍扁，中部以上被柔毛。外层冠毛宿存，内层冠毛雪白色，不等长，顶端渐尖，易脱落。

生态习性 喜温暖湿润、阳光充足的环境，忌高温多湿、通风不畅，不耐寒、不喜酷热，不耐盐碱。在肥沃砂质土壤中生长更佳，积水时容易烂根。生长于山坡撂荒地、山坡草丛、水边或疏林阴处。花果期 6—10 月。

繁殖方式 常用播种繁殖。

应用价值 翠菊栽培品种的花径略大，花色及花型丰富，可用于营造立体造型或平面图案的色带、色块等植物景观。矮生品种常用于布置花坛、花境或做观赏盆栽，高秆品种可用于切花，花可入药。

48 大狼耙草

Bidens frondosa L.

菊科 Compositae　**鬼针草属** *Bidens* L.

俗　名　大花咸丰草、大狼把草、接力草、外国脱力草（上海）。

形态特征　一年生草本。茎圆形、直立，常带紫色。叶对生，具柄，为一回羽状复叶，小叶 3~5 枚，披针形，先端渐尖，边缘有粗锯齿，通常背面被稀疏短柔毛，至少顶生者具明显的柄。头状花序单生茎端和枝端，总苞钟状或半球形，外层苞片通常 8 枚，披针形或匙状倒披针形，叶状，边缘有缘毛，内层苞片长圆形，膜质，具淡

黄色边缘，无舌状花或舌状花不发育，极不明显，筒状花两性，冠檐 5 裂。瘦果扁平，狭楔形，近无毛或具糙伏毛，顶端芒刺 2 枚，具倒刺毛。

生态习性 喜温暖潮湿环境，喜酸性至中性土壤，也能耐盐碱。山坡、山谷、溪边、草丛及路旁均可生长。多见于水系和自流灌溉沟渠周边，常群生或为单优势种纯群落，也以伴生种或亚优势种参与群落的组成。花果期 7—9 月。

繁殖方式 种子繁殖。

应用价值 全草可入药。

危 害 性 外来入侵植物，适应能力强，繁殖能力较强，一株正常发育的植株可产种子数百至数千粒。大狼耙草根系发达，吸收土壤水分和养分的能力很强，易形成优势种群，排挤其他植被生长，导致入侵地植物多样性降低。

防控措施 在种子成熟前人工整株清除，减少种子传播量。

49 续断菊

Sonchus asper (L.) Hill

菊科 Compositae　**苦苣菜属** *Sonchus* L.

俗　名　花叶滇苦荬菜、花叶滇苦菜。

形态特征　一年生草本，根纺锤状。茎单生或簇生，直立，中空，有纵纹或纵棱，茎枝无毛或上部及花序梗被腺毛。基生叶和下部茎生叶长椭圆形、倒卵形、匙状或匙状椭圆形，顶端渐尖、急尖或钝，基部渐狭成短或较长的翼柄，柄基耳状抱茎或基部无柄；上部茎叶披针形，不裂，基部扩大，圆耳状抱茎；下部叶或全部茎生叶羽

状浅裂、半裂或深裂，侧裂片 4~5 对，椭圆形、三角形、宽镰刀形或半圆形；全部叶及裂片与抱茎的圆耳边缘有尖齿刺，两面光滑无毛，质地薄。头状花序在茎枝顶端排成稠密的伞房花序。总苞宽钟状，总苞片 3~4 层，向内层渐长，覆瓦状排列，绿色，草质，外层长披针形或长三角形，中内层长椭圆状披针形至宽线形；全部苞片顶端急尖，外面光滑无毛；舌状小花黄色。瘦果倒披针状，褐色，两面各有 3 条细纵肋，肋间无横皱纹；冠毛白色，柔软，彼此纠缠，基部连合成环。

生态习性 生于路边和荒野，多生长于水沟低洼处。花果期 5—10 月。

繁殖方式 种子繁殖。

应用价值 可入药。

50 黄花蒿

Artemisia annua

菊科 Compositae　**蒿属** *Artemisia*

俗　名 臭蒿、臭黄蒿、黄蒿、青蒿。

形态特征 一年生草本，植株有浓烈的挥发性香气。根单生，狭纺锤形；茎单生，直立，有纵棱，幼时绿色，后变褐色或红褐色，多分枝，无毛；叶纸质，绿色；茎下部叶宽卵形或三角状卵形，绿色，两面具细小脱落性的白色腺点及细小凹点，3 至 4 回栉齿状羽状深裂，裂片长椭圆状卵形，再次分裂，小裂片边缘具多枚栉齿状三角形或长三角形的深裂齿，叶轴两侧有狭翅，叶柄基部有半抱茎的假托叶；中部叶 2 至 3 回栉齿状的羽状深裂，小裂片栉齿状三角形，稀少为细短狭线形，具短柄；上部叶与苞片叶 1 至 2 回栉齿状羽状深裂，近无柄。头状花序球形，多数，有短梗，下垂或倾斜，基部有线形的小苞叶，在分枝上排成总状或复总状花序，并在茎上组成开展、尖塔形的圆锥花序；总苞片 3~4 层，内、外层近等长，外层总苞片长卵形或狭长椭圆形，中肋绿色，边膜质，中层、内层总苞片宽卵形或卵形，花序托凸起，半球形；花深黄色，花冠狭管状，檐部具 2~3 裂齿，外面有腺点，花柱线形，伸出花冠外，先端 2 叉；两性花花冠管状，花药线形，花柱近与花冠等长，先端 2 叉。瘦果长椭圆形，略扁。

生态习性 生长于林缘、沟边、路旁、田边及村庄附近，也见于盐渍化的土壤上。花果期 8—10 月。

繁殖方式 种子繁殖。

应用价值 可入药。可作为菊花嫁接砧木。

51 苣荬菜

Sonchus wightianus DC.

菊科 Compositae　**苦苣菜属** *Sonchus* L.

俗　　名 南苦苣菜。

形态特征 多年生草本。根垂直直伸，多少有根状茎。茎直立，有细条纹，上部或顶部有伞房状花序分枝，花序分枝与花序梗被稠密的头状具柄的腺毛。基生叶多数，与中下部茎叶全形倒披针形或长椭圆形，羽状或倒向羽状深裂、半裂或浅裂，侧裂片 2~5 对，偏斜半椭圆形、椭圆形、卵形、偏斜卵形、偏斜三角形、半圆形或耳状，

顶裂片稍大，长卵形、椭圆形或长卵状椭圆形；全部叶裂片边缘有小锯齿或无锯齿而有小尖头；上部茎叶及接花序分枝下部的叶披针形或线钻形，小或极小；全部叶基部渐窄成长或短翼柄，但中部以上茎叶无柄，基部圆耳状扩大半抱茎，顶端急尖、短渐尖或钝，两面光滑无毛。头状花序在茎枝顶端排成伞房状花序。总苞钟状，基部有稀疏或稍稠密的长或短绒毛。总苞片 3 层，外层披针形，长 4~6 mm，宽 1~1.5 mm，中内层披针形，长达 1.5 cm，宽 3 mm；全部总苞片顶端长渐尖，外面沿中脉有 1 行头状具柄的腺毛。舌状小花多数，黄色。瘦果稍压扁，长椭圆形，每面有 5 条细肋，肋间有横皱纹。冠毛白色，柔软，彼此纠缠，基部连合成环。

生态习性 适应性较强，喜冷凉，喜湿怕涝，抗寒耐热，对土壤要求不严格。常见于山坡、林间、草地、潮湿地或近水旁、农田、荒野和村边。花果期 5—9 月。

繁殖方式 种子繁殖。

应用价值 是中国食用历史悠久的一种野菜，也可供药用。

52 酸模

Rumex acetosa L.

蓼科 Polygonaceae　**酸模属** *Rumex* L.

俗　　名　遏蓝菜、酸溜溜。

形态特征　多年生草本。根为须根。茎直立，高 40~100 cm，具深沟槽，通常不分枝。基生叶及茎下部叶箭形，长 3~12 cm，宽 2~4 cm，顶端急尖或圆钝，基部裂片急尖，全缘或微波状；叶柄长 5~12 cm；茎上部叶较小，具短叶柄或近无柄。花单性，雌雄异株；窄圆锥状花序顶生，分枝稀疏，花梗中部具关节；花被片 6，成 2 轮，雄花内花被片椭圆形，外花被片较小；雌花外花被片椭圆形，果时反折，内花被片果时增大，近圆形，径达 4 mm，基部心形，网脉明显，基部具小瘤；瘦果椭圆形，具 3 锐棱，长约 2 mm，黑褐色，有光泽。

生态习性　酸模适应性很强，喜阳光，但又较耐阴，较耐寒，土壤酸度适中。适生山坡、林缘、沟边、路旁。花果期 6—9 月。

繁殖方式　种子繁殖。

应用价值　全草供药用；嫩茎、叶可作蔬菜及饲料。

53 酸模叶蓼

Persicaria lapathifolia（L.）Delarbre

蓼科 Polygonaceae　**蓼属** *Polygonum* L.

俗　　名　大马蓼。

形态特征　一年生草本。株高达 90 cm。茎直立，分枝，节部膨大。叶披针形或宽披针形，先端渐尖或尖，基部楔形，上面常具黑褐色新月形斑点，托叶鞘顶端平截。数个穗状花序组成圆锥状，花序梗被腺体，花被 4（5）深裂，淡红或白色，花被片椭圆形，顶端分叉，外弯；雄蕊 6，花柱 2。瘦果宽卵形，扁平，双凹，长 2~3 mm，黑褐色，包于宿存花被内。

生态习性　酸模叶蓼适应性强，喜生于土壤湿润的耕地、田边、路旁，对土壤要求不严格，从沙土到黏性土均能生长。海拔 30~3 900 m。花期 6—8 月，果期 7—9 月。

繁殖方式　一般为种子繁殖。

物种危害　酸模叶蓼是中国农业有害生物信息系统收录的杂草，是果、茶园及路埂常见杂草。

54 西伯利亚蓼

Knorringia sibirica（Laxm.）Tzreler

蓼科 Polygonaceae　**蓼属** *Polygonum* L.

形态特征 多年生草本。根状茎细长，茎外倾或近直立，自基部分枝，无毛。叶片长椭圆形或披针形，无毛，长 5~13 cm，宽 0.5~1.5 cm，顶端急尖或钝，基部戟形或楔形，边缘全缘，叶柄长 8~15 mm；托叶鞘筒状，膜质，上部偏斜，开裂，无毛，易破裂。花序圆锥状，顶生，花排列稀疏，通常间断；苞片漏斗状，无毛，通常每个苞片内具 4~6 朵花；花梗短，中上部具关节；花被 5 深裂，黄绿色，花被片长圆形，长约 3 mm；雄蕊 7~8，稍短于花被，花丝基部较宽，花柱 3，较短，柱头头状。瘦果卵形，具 3 棱，黑色，有光泽，包于宿存的花被内或凸出。

生态习性 生于路边、湖边、河滩、山谷湿地、沙质盐碱地或盐碱荒地。花果期 6—9 月。

繁殖方式 种子繁殖。

应用价值 根茎可药用。

55 皱叶酸模

Rumex crispus L.

蓼科 Polygonaceae　**酸模属** *Rumex* L.

俗　名　土大黄、羊舌头、野菠菜、巴天酸模。

形态特征　多年生草本。高 50~100 cm。根粗壮，直立，黄褐色。茎直立，无毛，不分枝或上部分枝，具纵沟纹。基生叶披针形或窄披针形，顶端急尖，基部楔形，边缘皱波状，两面无毛，叶柄稍短于叶片；茎生叶较小窄披针形，具短柄；托叶鞘膜质，管状，易破裂。花序狭圆锥状，顶生，花序分枝近直立；花梗细，中下部具关节，关节果时稍膨大；花两性，淡绿色；花被片 6，2 轮，宿存，外花被片椭圆形，内花被片果时增大，宽卵形，网脉明显，顶端稍钝，基部近平截，边缘近全缘，全部具小瘤，稀 1 片具小瘤，小瘤卵形；雄蕊 6 个；柱头 3 个，画笔状。瘦果卵形，具 3 锐棱，暗褐色，有光泽。

生态习性　常见杂草，生于田边、路旁、湿地、水边或公园绿地疏林下。花期 6—7 月，果期 7—8 月。

繁殖方式　种子繁殖。

应用价值　根可入药。

56 萹蓄

Polygonum aviculare L.

蓼科 Polygonaceae　蓼属 *Polygonum* L.

俗　　名　竹叶草、大蚂蚁草、扁竹。

形态特征　一年生草本。茎平卧、上升或直立，自基部多分枝，具纵棱。叶椭圆形，狭椭圆形或披针形，顶端钝圆或急尖，基部楔形，边缘全缘，两面无毛，下面侧脉明显；叶柄短或近无柄，基部具关节；托叶鞘膜质，下部褐色，上部白色，撕裂脉明显。花单生或数朵

簇生于叶腋，遍布于植株；苞片薄膜质；花梗细，顶部具关节；花被5深裂，花被片椭圆形，绿色，边缘白色或淡红色；雄蕊8，花丝基部扩展；花柱3，柱头头状。瘦果卵形，具3棱，黑褐色，密被由小点组成的细条纹，无光泽，与宿存花被近等长或稍超过。

生态习性 生长于田野路旁、荒地、沟边湿地及河边等处。花果期6—10月。

繁殖方式 种子繁殖。

应用价值 有药用价值，全草可入药。

57 月见草

Oenothera biennis L.

柳叶菜科 Onagraceae　**月见草属** *Oenothera* L.

俗　　名　夜来香、山芝麻、野芝麻。

形态特征　二年生至多年生直立草本。茎高达 2 m，常密被曲柔毛与疏生伸展长毛，茎枝上部常密混生短腺毛。基生叶倒披针形，长 15~25 cm，先端锐尖或稍钝，基部渐窄并下延为翅，边缘有浅波状齿，侧脉 5~8 对，两面被曲柔毛与长毛，叶柄长 3~4 cm；茎生叶窄椭圆形或披针形，长 5~13 cm，先端锐尖或稍钝，基部楔形，边缘疏生齿突，侧脉 8~12 对，叶柄长 0.2~1.5 cm，向上变短。穗状花序，生茎枝顶，密被曲柔毛、长毛与短腺毛；苞片卵形或披针形，无柄，长 1.5~9 cm；萼片窄披针形，长 1.8~2.2 cm，反折，毛被较密；花瓣黄色，宽倒卵形，长 2.5~3 cm，先端钝圆或微凹；花柱长 3.5~5 cm，伸出花筒部分长 0.7~1.5 cm，柱头出花药，裂片长 3~5 mm。蒴果锥状圆柱形，长 2~3.5 cm，具纵棱与红色的槽，被曲柔毛与腺毛。种子长 1~1.5 mm，褐色，具棱角和不整齐洼点。

生态习性　生开旷荒地、田园路边。花期 5—10 月，果期 8—12 月。

繁殖方式　种子繁殖。

应用价值　花大美丽，花期长，栽培观赏；种子可榨油，食用与药用。

58 山桃草

Oenothera lindheimeri（Engelm. & A.Gray）W.L.Wagner & Hoch

柳叶菜科 Onagraceae　**月见草属** *Oenothera* L.

俗　　名　白蝶花、白桃花、紫叶千鸟花。

形态特征　多年生粗壮草本，常丛生；茎直立。株高 60~100 cm，常多分枝，入秋变红色，被长柔毛与曲柔毛。叶无柄，椭圆状披针形或倒披针形，长 3~9 cm，宽 5~11 mm，向上渐变小，先端锐尖，基部楔形，边缘具远离的齿突或波状齿，两面被近贴生的长柔毛。花序长穗状，生茎枝顶部，不分枝或有少数分枝，直立，长 20~50 cm；

苞片狭椭圆形、披针形或线形，长 0.8~3 cm，宽 2~5 mm。蒴果坚果状，狭纺锤形，长 6~9 mm，径 2~3 mm，熟时褐色，具明显的棱。种子 1~4 粒，有时只部分胚珠发育，卵状，长 2~3 mm，径 1~1.5 mm，淡褐色。

生态习性 山桃草耐半阴、耐寒，喜凉爽及半湿润环境。一般生于海拔较高的山坡林下、沟边或草坡。要求阳光充足，以及疏松、肥沃、排水良好的沙质土壤。

繁殖方式 以播种繁殖为主，也可分株繁殖。

应用价值 山桃草具较高观赏性，花多而繁茂，植株婀娜轻盈，可用于花坛、花境，或作地被植物群栽、盆栽，与柳树配植或用于点缀草坪效果甚好。适用于园林绿地，多成片群植，可用作庭院绿化，也可作插花材料。

59 鹅绒藤

Cynanchum chinense R. Br.

萝藦科 Asclepiadaceae　**鹅绒藤属** *Cynanchum* Linn.

俗　　名　羊奶角角、牛皮消。

形态特征　多年生缠绕草本植物。主根圆柱状，茎缠绕，全株被短柔毛。叶对生，具叶柄，宽卵状心形，先端渐尖，基部心形，全缘，叶面深绿色，叶背苍白色，两面均被短柔毛，脉上略密。伞状聚伞花序腋生，具多花；总花梗长 3~5 cm，被白色柔毛；花萼 5 深裂，裂片披针形，外被白毛；花冠白色，5 深裂，裂片狭披针形；副

花冠杯状，外轮5浅裂，裂片三角形，裂片间具5条丝状体，内轮具5条较短的丝状体；花粉块每室1个，下垂；柱头略突起。蓇葖双生或仅有1个发育，细圆柱状，向端部渐尖；种子矩圆形，黄棕色，种毛白色绢质。

生态习性 生长于向阳灌木丛中、路旁、河畔、田埂边。花果期6—10月。

繁殖方式 种子繁殖。

应用价值 全株可药用。

60 柳叶马鞭草

Verbena bonariensis L.

马鞭草科 Verbenaceae　马鞭草属 *Verbena* L.

俗　　名 铁马鞭、龙芽草、风颈草、野荆草。

形态特征 多年生草本植物，茎直立。株高 60~150 cm。茎方形，叶对生，椭圆形到长圆形或长圆状披针形；基生叶的边缘通常有粗糙的锯齿和刻痕，通常 3 深裂，裂片的边缘有不规则的锯齿，两边有粗糙的毛。穗状花序顶生或腋生，细长如鞭；花小，花冠淡紫色或蓝色。果实蒴果状，长约 0.2 cm，外果皮薄，成熟时开裂，含4 个

小坚果。种子呈三角形和长方形，两端宽度几乎相等，表面粗糙，土黄色或棕黄色，无光泽。

生态习性 习性强健，性喜温暖及温润气候，不耐寒，较耐热，对土壤要求不高，以疏松、肥沃及排水良好的中性至微酸性土壤土为宜，生长温度为 16~26 ℃。花期为 7 月上旬至 8 月下旬，从花序下端逐渐开放花朵，8 月中旬至 10 月果实成熟。

繁殖方式 种子播种。

应用价值 柳叶马鞭草有优美的身姿、娇艳的花色、繁茂而长久的观赏期，花色柔和，常大片种植以营造景观效果，也适合与其他植物配植，可用于公园路边、滨水岸边、墙垣边群植，景观效果也佳；也可作花境的背景材料；可药用。

61 马齿苋

Portulaca oleracea L.

马齿苋科 Portulacaceae　**马齿苋属** *Portulaca* L.

俗　名 胖娃娃菜、猪肥菜、五行菜、酸菜、狮岳菜、猪母菜、蚂蚁菜、马蛇子菜、瓜米菜、马齿菜、蚂蚱菜、马苋菜、马齿草、麻绳菜、瓜了菜、五方草、长命菜、五行草、马苋、马耳菜。

形态特征 一年生草本。全株无毛。茎平卧或斜倚，铺散，多分枝，圆柱形，长 10~15 cm，淡绿或带暗红色。叶互生或近对生，扁平肥厚，倒卵形，长 1~3 cm，先端钝圆或平截，有时微凹，基部楔形，全缘，

上面暗绿色，下面淡绿或带暗红色，中脉微隆起；叶柄粗短。花无梗，径 4~5 mm，常 3~5 簇生枝顶，午时盛开；叶状膜质苞片 2~6，近轮生；萼片 2，对生，绿色，盔形，长约 4 mm，背部龙骨状凸起，基部连合；花瓣（4）5，黄色，长 3~5 mm，基部连合；雄蕊 8 或更多，长约 1.2 cm，花药黄色，子房无毛，花柱较雄蕊稍长。蒴果长约 5 mm。种子黑褐色，径不及 1 mm，具小疣。

生态习性 我国南北各地均有分布。性喜肥沃土壤，耐旱亦耐涝，生活力强；具向阳性；适宜在各种田地和坡地栽培，以中性和弱酸性土壤生长较好。花期 5—8 月，果期 6—9 月。

繁殖方式 种子繁殖、扦插繁殖等。

应用价值 园林观赏植物，可用于花境、花坛种植。全草供药用，有清热利湿、解毒消肿、消炎、止渴、利尿作用；种子明目；还可作兽药和农药；嫩茎叶可作蔬菜，味酸，也是很好的饲料。

62 大花马齿苋

Portulaca grandiflora Hook.

马齿苋科 Portulacaceae　**马齿苋属** *Portulaca* L.

俗　　名 太阳花、洋马齿苋、松叶牡丹、半枝莲、死不了。

形态特征 一年生肉质草本。茎平卧或斜升，紫红色，多分枝，节有簇生毛。叶密集枝顶，较下的叶分开，不规则互生，叶细圆柱形，有时微弯，先端钝圆，无毛；叶柄极短或近无柄，叶腋常簇生白色长柔毛。花单生或数朵簇生枝顶，日开夜闭；叶状总苞 8~9 片，轮生，被白色长柔毛。萼片 2，淡黄绿色，卵状三角形，稍具龙骨状凸起，无毛；花瓣 5 或重瓣，倒卵形，先端微凹，有红、紫、黄、白多色；雄蕊多数，基部合生，花丝紫色；花柱柱头 5~9，线形。蒴果近椭圆形，盖裂。种子细小，多数，圆肾形，深灰、灰褐或灰黑色，有光泽，被小瘤。

生态习性 喜温暖、阳光充足的环境。极耐瘠薄，一般土壤都能适应，排水良好的砂质土壤最适宜生长。中国各地均有栽培。花果期 6—10 月。

繁殖方式 扦插繁殖，播种繁殖。

应用价值 花色艳丽，可栽培供观赏，也可用于花坛种植。全草可供药用。

63 鼠掌老鹳草

Geranium sibiricum L.

牻牛儿苗科 Geraniaceae　**老鹳草属** *Geranium* L.

俗　　名　西伯利亚牻牛儿苗。

形态特征　多年生草本。株高达 70 cm。具直根。茎仰卧或近直立，疏被倒向柔毛。叶对生，肾状五角形，基部宽心形，掌状 5 深裂，裂片倒卵形至长椭圆形，先端锐尖。花序梗粗，腋生，多具 1 花；萼片卵状椭圆形或卵状披针形，花瓣倒卵形，白或淡紫红色，先端微凹或缺刻。蒴果疏被柔毛，果柄下垂。

生态习性　适应冷凉潮湿的气候，生于林缘、疏灌丛、河谷草甸或为杂草。花期 6—7 月，果期 8—9 月。

繁殖方式　种子或分株繁殖。

应用价值　茎秆细，叶量多，质地柔软，适口性良好。青草或干草各类牲畜均采食。青绿或开花后羊喜食，马、牛乐食，枯黄后各类牲畜仍采食。干枯后叶片易破碎，冬季残留差，适于夏秋放牧利用。

64 天竺葵

Pelargonium hortorum Bailey

牻牛儿苗科 Geraniaceae **天竺葵属** *Pelargonium* L Her.

俗　　名 臭海棠、洋绣球、入腊红、石腊红、日烂红、洋葵、驱蚊草、蝴蝶梅。

形态特征 多年生草本。株高达 60 cm。茎直立，基部木质化，密被柔毛，具鱼腥味。叶互生；托叶宽三角形或卵形，被柔毛和腺毛，叶圆形或肾形，基部心形，径 3~7 cm，边缘波状浅裂，具圆齿，两面被透明柔毛，上面叶缘以内有暗红色马蹄形环纹。花梗长 3~4 cm，

被柔毛和腺毛；萼片窄披针形，长 0.8~1 cm，密被腺毛和长柔毛；花瓣红、橙红、粉红或白色，宽倒卵形，长 1.2~1.5 cm，先端圆。果长约 3 cm，被柔毛。

生态习性 喜冬暖夏凉，需充足的阳光。花期 5—7 月，果期 6—9 月。

应用价值 园林（彩叶）观赏植物，可用于花境、花坛种植；亦可药用。

65 香叶天竺葵

Pelargonium graveolens L'Her. & Aibon.

牻牛儿苗科 Geraniaceae　**天竺葵属** *Pelargonium* L Her.

俗　　名　驱蚊香草、驱蚊草、香艾、香叶。

形态特征　多年生草本或灌木状，高可达 1 m。茎直立，基部木质化，上部肉质，密被具光泽的柔毛，有香味。叶互生；托叶宽三角形或宽卵形，长 6~9 mm，先端急尖；叶柄与叶片近等长，被柔毛；叶片近圆形，基部心形，直径 2~10 cm，掌状 5~7 裂达中部或近基部，裂片矩圆形或披针形，小裂片边缘为不规则的齿裂或锯齿，两面被长糙毛。伞形花序与叶对生，长于叶，具花 5~12 朵；苞片卵形，被短柔毛，边缘具绿毛；花梗长 3~8 mm 或几无梗；萼片长卵形，绿色，长 6~9 mm，宽 2~3 mm，先端急尖，距长 4~9 mm；花瓣玫瑰色或粉红色，长为萼片的 2 倍，先端钝圆，上面 2 片较大；雄蕊与萼片近等长，下部扩展；心皮被茸毛。蒴果长约 2 cm，被柔毛。

生态习性　喜温暖、湿润和阳光充足环境。耐寒性差，怕水湿和高温。宜肥沃、疏松和排水良好的砂质壤土。花期 5—7 月，果期 8—9 月。

繁殖方式　以扦插为主，也可播种或组织培养。

应用价值　园林（彩叶）观赏植物，可用于花境、花坛种植；可调制香精，作食品、香皂和牙膏等的添加剂。

66 节节草

Equisetum ramosissimum Desf.

木贼科 Equisetaceae　**木贼属** *Equisetum* L.

俗　　名 节节木贼。

形态特征 多年生硬质草本植物。根状茎匍匐，横走或斜升，黑棕色。地上枝多年生，直立。枝一型，节间长 2~6 cm，灰绿色，主枝多在下部分枝，常形成簇生状；幼枝的轮生分枝明显；主枝有脊 5~14 条，脊的背部弧形，有一行小瘤或有浅色小横纹；鞘筒狭长达 1 cm，下部灰绿色，上部灰棕色；鞘齿 5~12 枚，三角形，灰白色，黑棕色或淡棕色，边缘（有时上部）为膜质，基部扁平或弧形，宿存，齿上气孔带明显。侧枝较硬，圆柱状，有脊 5~8 条，脊上平滑或有一行小瘤或有浅色小横纹；鞘齿 5~8 个，披针形，革质但边缘膜质，上部棕色，宿存。孢子囊穗短棒状或椭圆形，顶端有小尖突，无柄。

生态习性 喜近水生，常见于湿地、溪流两边、水田边、湿砂地、路旁。

繁殖方式 以根茎或孢子繁殖。

应用价值 园林中少量用作花境点缀植物；全草可药用。

67 五彩苏

Coleus scutellarioides（L.） Benth.

唇形科 Labiatae　**鞘蕊花属** *Coleus* Lour.

俗　名　锦紫苏、洋紫苏、五色草、老来少、彩叶草。

形态特征　直立或上升草本。茎通常紫色，四棱形，被微柔毛，具分枝。叶膜质，其大小、形状及色泽变异很大，通常卵圆形，长 4~12.5 cm，宽 2.5~9 cm，先端钝至短渐尖，基部宽楔形至圆形，边缘具圆齿状锯齿或圆齿，色泽多样，有黄、暗红、紫色及绿色，两面被微柔毛，下面常散布红褐色腺点，侧脉 4~5 对，斜上升，与中脉两面微突出；叶柄伸长，长 1~5 cm，扁平，被微柔毛。轮伞花序多花，花时径约 1.5 cm，多数密集排列成长 5~10（25） cm、宽 3~5（~8） cm 的简单或分枝的圆锥花序；花梗长约 2 mm，与序轴被微柔毛；苞片宽卵圆形，长 2~3 mm，先端尾尖，被微柔毛及腺点，脱落。花萼钟形，10 脉，开花时长 2~3 mm，外被短硬毛及腺点，果时花萼增大，长达 7 mm，萼檐二唇形，上唇 3 裂，中裂片宽卵圆形，十分增大，果时外反，侧裂片短小，卵圆形，约为中裂片之半，下唇呈长方形，较长，2 裂片高度靠合，先端具 2 齿，齿披针形。花冠浅紫至紫或蓝色，长 8~13 mm，外被微柔毛，冠筒骤然下弯，至喉部增大至 2.5 mm，冠檐二唇形，上唇短，直立，4 裂，下唇延长，内凹，舟形。雄蕊 4，内藏，花丝在中部以下合生成鞘状。花柱超出雄蕊，伸出，先端相等 2 浅裂。花盘前

方膨大。小坚果宽卵圆形或圆形，压扁，褐色，具光泽，长 1~1.2 mm。

生态习性 五彩苏喜温性植物，适应性强，夏季高温时稍加遮阴，喜充足阳光，光线充足能使叶色鲜艳，花期 7 月。

繁殖方式 扦插和播种繁殖。

应用价值 五彩苏株型美观、色彩多样，适于营造华丽的植物景观，可用于园林绿化和城市绿化美化、家庭园艺。

68 石竹

Dianthus chinensis L.

石竹科 Caryophyllaceae **石竹属** *Dianthus* L.

俗　　名 丝叶石竹、蒙古石竹、北石竹、山竹子、大菊、瞿麦、蘧麦、三脉石竹、林生石竹、长苞石竹、辽东石竹、高山石竹、钻叶石竹、兴安石竹。

形态特征 多年生草本，株高可达 50 cm，茎疏丛生；叶线状披针形，长 3~5 cm，宽 2~4 cm，先端渐尖，基部稍窄，全缘或具微齿；花单生或成聚伞花序；花梗长 1~3 cm；苞片 4，卵形，长渐尖，长达花萼 1/2 以

上；花萼筒形，长1.5~2.5 cm，径 4~5 mm，具纵纹，萼齿披针形，长约 5 mm，先端尖；花瓣长 1.6~1.8 cm，瓣片倒卵状三角形，长 1.3~1.5 cm，紫红、粉红、鲜红或白色，先端不整齐齿裂，喉部具斑纹，疏生髯毛；雄蕊筒形，包于宿萼内，顶端 4 裂，种子扁圆形。

生态习性 性耐寒、耐干旱，不耐酷暑，夏季多生长不良或枯萎，栽培时应注意遮阴、降温。喜阳光充足、干燥，通风及凉爽湿润气候。要求肥沃、疏松、排水良好及含石灰质的壤土或沙质壤土，忌水涝，好肥，花期 5—6 月，果期 7—9 月。

繁殖方式 播种、扦插和分株繁殖。

应用价值 园林观赏植物，有各种不同颜色的园艺品种，花期长，可用于花坛、花境、花带种植，也常用于盆栽或节日用花，也可做地被观赏植物。

69 蛇莓

Duchesnea indica（Andr.）Focke

蔷薇科 Rosaceae　蛇莓属 *Duchesnea* J. E. Smith

俗　　名 三爪风、龙吐珠、蛇泡草、东方草莓。

形态特征 多年生草本，匍匐茎多数，长达 1 m，被柔毛；小叶倒卵形或菱状长圆形，先端圆钝，有钝锯齿，小叶柄被柔毛，托叶窄卵形或宽披针形；花单生叶腋，萼片卵形，副萼片倒卵形较长，先端有 3~5 锯齿，花瓣倒卵形，黄色，雄蕊多枚，心皮多数，离生，花托在果期膨大，海绵质，鲜红色；瘦果卵圆。

生态习性 蛇莓多生于山坡、河岸、草地、潮湿的地方，喜阴凉、温暖、湿润，耐寒、不耐旱、不耐水渍。花期 6—8 月，果期 8—10 月。

繁殖方式 可分为播种和分株两种。

应用价值 全草药用，浸出液可作农药。蛇莓是优良的花卉，蛇莓常绿，速生，花鲜，果美，植株矮小，匍匐生长，较耐践踏，是不可多得的优良地被植物。蛇莓的适应性强、抗逆性强、生长快、地面覆盖性好、易成坪、可固土降尘、管理简单。

70 地榆

Sanguisorba officinalis L.

蔷薇目 Rosales　**蔷薇科** Rosaceae　**地榆属** *Sanguisorba* L.

俗　名　黄爪香、玉札、山枣子、蒙古枣、一串红、豚榆系。

形态特征　多年生草本。株高可达 1.2 m，全株光滑无毛。根粗壮，圆柱形或纺锤形。茎直立，上部有分枝，具纵细棱和浅沟。奇数羽状复叶，小叶片呈卵形或长圆状卵形，先端圆钝或稍尖，基部心形或偏楔形，边缘具锯齿，两面绿色、光滑，有短柄。穗状花序顶生，头状或短圆柱状，花由花序顶端渐次向下开放；苞片膜质，披针

形，顶端渐尖至尾尖，比萼片短或近等长，背面及边缘有柔毛；萼片 4，紫红色，椭圆形至宽卵形，背面被疏柔毛；雄蕊 4，花丝丝状，不扩大，与萼片近等长或稍短；子房外面无毛或基部微被毛，柱头顶端扩大，盘形，边缘具流苏状乳头。瘦果倒卵状长圆形或近圆形。

生态习性 地榆较耐旱，不耐水湿，野生地榆多生长于灌木丛中、山坡草地、草原、草甸及疏林下。花果期 7—10 月。

繁殖方式 种子繁殖，分根繁殖。

应用价值 在园林绿地中可用作地被植物，银川市花博园有少量人工引种栽植。根可入药，嫩叶可食，或作代茶饮。

71 龙葵

Solanum nigrum L.

茄科 Solanaceae　**茄属** *Solanum* L.

俗　名　黑天天、天茄菜、飞天龙、地泡子、假灯龙草、白花菜、小果果、野茄秧、山辣椒、灯龙草、野海角、野伞子、石海椒、小苦菜、野梅椒、野辣虎、悠悠、天星星、天天豆、颜柔、黑狗眼、滨藜叶龙葵。

形态特征　一年生草本。株高达 1 m。茎近无毛或被微柔毛。叶卵形，长 4~10 cm，先端钝，基部楔形或宽楔形，下延，全缘或具 4~5 对

不规则波状粗齿，两面无毛或疏被短柔毛，叶脉 5~6 对；叶柄长 2~5 cm。伞形状花序腋外生，具 3~6（~10）花，花序梗长 2~4 cm；花梗长 0.8~1.2 cm，近无毛或被短柔毛；花萼浅杯状，径 2~3 mm，萼齿近三角形，长 1 mm；花冠白色，长 0.8~1 cm，冠檐裂片卵圆形；花丝长 1~1.5 mm，花药长 2.5~3.5 mm，顶孔向内，花柱长 5~6 mm，中下部被白色绒毛。浆果球形，径 0.8~1 cm，黑色；果柄弯曲。种子近卵圆形，径 1.5~2 mm；种子多数，近卵形，两侧压扁。

生态习性 对土壤要求不严，在有机质丰富，保水保肥力强的壤土上生长良好，缺乏有机质，通气不良的黏质土上，根系发育不良，植株长势弱，商品性差，适宜的土壤 pH 为 5.5~6.5。花期 5—8 月，果期 7—11 月。

繁殖方式 种子繁殖。

应用价值 全株入药，可散瘀消肿，清热解毒。龙葵本身具有一定观赏性，可以移栽到家中，还可作盆栽或观赏植物。

72 曼陀罗

Datura stramonium Linn.

茄科 Solanaceae　**曼陀罗属** *Datura* L.

俗　名　土木特张姑、沙斯哈我那、赛斯哈塔肯、醉心花闹羊花、野麻子、洋金花、万桃花、狗核桃、枫茄花。

形态特征　草本或亚灌木状。株高达 1.5 m，植株无毛或幼嫩部分被短柔毛。叶宽卵淡绿色，上部白或淡紫色，冠檐径形，长 8~17 cm，先端渐尖，基部不对称楔形，具不规则波状浅裂，裂片 3~5 cm，裂片具短尖头；雄蕊内藏，先端尖，有时具波状牙齿，侧脉 3~5 对；叶柄长 3~5.5 cm。花直立，花梗长 0.5~1.2 cm；萼筒长 3~5 cm，

具5棱，基部稍肿大，裂片三角形，花后自近基部断裂，宿存部分增大并反折；花冠漏斗状，长6~10 cm，下部淡绿色，上部白或淡紫色，冠檐径3~5 cm，裂片具短尖头；雄蕊内藏，花丝长约3 cm，花药长约4 mm；花子房密被柔针毛。蒴果直立，卵圆形，长3~4.5 cm，被坚硬针刺或无刺，淡黄色，规则4瓣裂。种子卵圆形，稍扁，长约4 mm；黑色。

生态习性 曼陀罗适应性较强，喜温暖、湿润、向阳环境，怕涝，对土壤要求不甚严格，一般土壤均可种植，但以富含腐殖质和石灰质土壤为好。曼陀罗花期长，花大，枝叶扶疏，花形美观，香味浓郁，观赏价值很高。花期6—10月，果期7—11月。

繁殖方式 种子繁殖。

应用价值 曼陀罗因花朵大而美丽，具有观赏价值，可种植于花园、庭院中，美化环境，也有作药用而栽培，曼陀罗种子油可制肥皂和掺和油漆。

73 花烟草

Nicotiana alata Link & Otto

茄科 Solanaceae　**烟草属** *Nicotiana* L.

形态特征 有限的多年生草本。高 0.6~1.5 m，全体被粘毛。叶在茎下部铲形或矩圆形，基部稍抱茎或具翅状柄，向上呈卵形或卵状矩圆形，近无柄或基部具耳，接近花序即成披针形。花序为假总状式，疏散生几朵花；具花梗。花萼杯状或钟状，裂片钻状针形，不等长；花冠淡绿色，筒状钟形，檐部裂片卵形，短尖，2 枚较其余 3 枚为长；雄蕊 5，不等长，其中 1 枚较短。花色有白、淡黄、桃红、紫

红等颜色。蒴果卵球状。种子灰褐色。

生态习性 喜温暖、向阳的环境及肥沃疏松的土壤，耐旱不耐寒。花期 7—8 月。

繁殖方式 种子繁殖，分株繁殖。

应用价值 花烟草是优美的花坛材料，同时它还可以净化空气。

74 三棱水葱

Schoenoplectus triqueter（L.）Palla

莎草科 Cyperaceae　**水葱属** *Schoenoplectus*

俗　　名　青岛藨草、藨草。

形态特征　秆粗壮，株高 80~120 cm，锐三棱形，平滑，基部具鞘，鞘暗褐色或棕色，纸质或近于干膜质，有明显的横脉。茎秆散生，粗壮，高 20~90 cm，三棱形，基部具 2~3 膜质鞘，横脉隆起，最上部鞘具叶片。叶片扁平，长 1.3~5.5（~8）cm，宽 1.5~2 mm；苞片 1，为秆的延长，三棱形，长 1.5~7 cm。简单长侧枝聚伞花序假侧生，辐射枝 1~8，三棱形，棱粗糙，长达 5 cm，每辐射枝顶端簇生 1~8 小穗；小穗卵形或长圆形，长 0.6~1.2（~1.4）cm，宽 3~7 mm，密生多花。果鳞片长圆形、椭圆形或宽卵形，先端微凹或圆，长 3~4 mm，膜质，黄棕色，具中肋，先端短尖，边缘疏生缘毛；下位刚毛（2）3~5，几等长或稍长于小坚果，有倒刺；雄蕊 3，花药线形，药隔暗褐色，稍突出；在柱短，柱头 2，细长；小坚果倒卵形，平凸状，长 2~3 mm，成熟时褐色。

生态习性　生于海拔 2 000 m 以下的水沟、水塘、山溪边、沼泽地、水泡及周边积水湿地，有时也见于山涧溪沟中。抗寒性较好，山洪期能耐冲击。花果期 6—9 月。

繁殖方式　有性和无性繁殖均可。

应用价值　三棱水葱茎秆整齐密生，形三棱，色深绿，闪光泽，生水泽，具

有较好的观赏价值。丛植、片植均宜，可栽于水榭旁、人工湖及其他水景区，亦可栽于盆中。全株可造纸和编席，在我国江苏、湖南一带有人用其秆代替细麻绳包扎东西。

75 宽叶独行菜

Lepidium latifolium L.

十字花科 Cruciferae　**独行菜属** *Lepidium* L.

俗　名　光果宽叶独行菜。

形态特征　多年生草本。株高达 1.5 m。茎直立，上部多分枝，基部稍木质化，无毛或疏生单毛。基生叶及茎下部叶长圆状披针形或卵形，长 3~13 cm，先端钝，基部渐窄，全缘或有齿，疏被柔毛或几无毛，叶柄长 2~6 cm；茎上部叶披针形或长椭圆形，无柄。总状花

序圆锥状；花梗无毛；萼片早落，长圆状卵形或近圆形，有柔毛；花柱短。短角果宽卵形或近圆形，长 1.5~3 mm，平滑或稍呈网状，顶端全缘，基部圆钝，无翅；种子宽椭圆形，长约 1 mm，浅棕色，无翅。

生态习性 生长于含盐质的沙滩、田边及路旁。花期 5—9 月，果期 6—10 月。

繁殖方式 播种或根芽繁殖。

应用价值 有药用价值，全草入药，有清热燥湿作用，治菌痢、肠炎。可作为饲草植物。为高山盐碱湿地常见种，对于改善盐碱地土质具有一定的作用。

76 欧洲油菜

Brassica napus L.

十字花科 Cruciferae **芸苔属** *Brassica* L.

形态特征 一年生或二年生草本。株高达 50 cm。茎直立，有分枝。幼叶被粉霜；下部茎生叶大头羽裂，叶柄基部有裂片；中部及上部茎生叶基部心形，抱茎。总状花序伞房状；萼片卵形，长 5~8 mm；花瓣浅黄色，倒卵形，长 1~1.5 cm，基部爪长 4~6 mm。长角果线形，长 4~8 cm，喙长 1~2 cm，细；果瓣有中脉；果柄长约 2 cm。种子球形，径约 1.5 mm，黄棕色，有网状小穴；种子球形，黄棕色。

生态习性 花期 3—4 月，果期 4—5 月。

繁殖方式 自交有性繁殖。

应用价值 欧洲油菜有美丽鲜亮的黄色花朵，可以作为一种观赏植物；它是种子植物油的重要来源之一；种植它可以增加土壤的有效氮与有机质含量，在盐碱荒地种植欧洲油菜配以合理的施肥措施有利于提高盐碱土壤质量，促进盐碱荒地生态环境的良性循环。

77 凤仙花

Impatiens balsamina L.

凤仙花科 Balsaminaceae **凤仙花属** *Impatiens* L.

形态特征 一年生草本。株高 60~100 cm。茎粗壮，肉质，直立，不分枝或有分枝，无毛或幼时被疏柔毛，基部直径可达 8 mm，具多数纤维状根，下部节常膨大。叶互生，最下部叶有时对生；叶片披针形、狭椭圆形或倒披针形，长 4~12 cm、宽 1.5~3 cm，先端尖或渐尖，基部楔形，边缘有锐锯齿，向基部常有数对无柄的黑色腺体，两面无毛或被疏柔毛，侧脉 4~7 对；叶柄长 1~3 cm，上面有浅沟，

两侧具数对具柄的腺体。花单生或2~3朵簇生于叶腋，无总花梗，白色、粉红色或紫色，单瓣或重瓣；花梗长2~2.5 cm，密被柔毛；苞片线形，位于花梗的基部；侧生萼片2，卵形或卵状披针形，长2~3 mm，唇瓣深舟状，长13~19 mm，宽4~8 mm，被柔毛，基部急尖成长1~2.5 cm内弯的距；旗瓣圆形，兜状，先端微凹，背面中肋具狭龙骨状突起，顶端具小尖，翼瓣具短柄，长23~35 mm，2裂，下部裂片小，倒卵状长圆形，上部裂片近圆形，先端2浅裂，外缘近基部具小耳；雄蕊5，花丝线形，花药卵球形，顶端钝；子房纺锤形，密被柔毛。蒴果宽纺锤形，长10~20 mm；两端尖，密被柔毛。种子多数，圆球形，直径1.5~3 mm，黑褐色。

生态习性 花期7—10月。

繁殖方式 种子繁殖。

应用价值 我国各地庭园广泛栽培，为习见的观赏花卉。民间常用其花及叶染指甲。茎及种子入药。茎称“凤仙透骨草”，有祛风湿、活血、止痛之效，用于治风湿性关节痛、屈伸不利；种子称“急性子”，有软坚、消积之效，用于治噎膈、骨鲠咽喉、腹部肿块、闭经。

78 沼生蔊菜

Rorippa palustris（L.）Besser

十字花科 Cruciferae　蔊菜属 *Rorippa* Scop.

俗　　名 风花菜。

形态特征 一或二年生草本。光滑无毛或稀有单毛。茎直立，单一成分枝，下部常带紫色，具棱。基生叶多数，具柄，莲座状着生；叶片羽状深裂或大头状羽裂，长圆形至狭长圆形， 侧裂片 3~7 对，边缘不规则浅裂或呈深波状，顶端裂片较大，基部耳状抱茎，有时有缘毛；茎生叶向上渐小，近无柄，叶片羽状深裂或具齿，基部耳

状抱茎。总状花序顶生或腋生，果期伸长，花小，多数，黄色或淡黄色，具纤细花梗；萼片 4，长椭圆形，花瓣 4，长倒卵形至楔形，等于或稍短于萼片；雄蕊 6，近等长，花丝线状。短角果圆柱状长椭圆形，有时稍弯曲。种子每室 2 行，多数，淡褐色，细小，近卵形而扁，一端微凹，表面具细网纹。

生态习性 多生于潮湿地或近水处，如溪岸、田边、河旁、洼地、草地。花果期 6—9 月。

繁殖方式 种子繁殖或分根繁殖。

应用价值 可食用，全草可药用。

79 荠

Capsella bursa-pastoris（Linn.）Medic.

十字花科 Cruciferae　**荠属** *Capsella* Meidc.

俗　　名　荠菜、地米菜、芥。

形态特征　一年或二年生草本。茎直立，单一或从下部分枝。基生叶丛生呈莲座状，大头羽状分裂，顶裂片卵形至长圆形，侧裂片 3~8 对，长圆形至卵形，顶端渐尖、浅裂、有不规则粗锯齿或近全缘；叶柄具窄翅；茎生叶窄披针形或披针形，基部箭形，抱茎，边缘有

缺刻或锯齿，两面被单毛、分叉毛或星状毛。总状花序顶生及腋生，果期延长；萼片长圆形，边缘白色膜质，无毛；花瓣白色，倒卵形，先端圆，基部有短爪。短角果倒三角形或倒心状三角形，扁平，无毛，顶端微凹，裂瓣具网脉。种子长椭圆形，浅褐色。

生态习性 生长于田野、路边及庭院。花果期 4—6 月。

繁殖方式 种子繁殖。

应用价值 嫩茎叶可食用，全草可入药，种子可供制油漆及肥皂用。

80 葱莲

Zephyranthes candida（Lindl.）Herb.

石蒜科 Amaryllidaceae　**葱莲属** *Zephyranthes* Herb.

俗　　名　葱兰、玉帘、葱莲、白花菖蒲莲、韭菜莲、肝风草。

形态特征　多年生草本。鳞茎卵形，直径约 2.5 cm，具有明显的颈部，颈长 2.5~5 cm。叶狭线形，肥厚，亮绿色，长 20~30 cm，宽 2~4 mm。花茎中空；花单生于花茎顶端，下有带褐红色的佛焰苞状总苞，总苞片顶端 2 裂；花梗长约 1 cm；花白色，外面常带淡红色；几无花被管，花被片 6，长 3~5 cm，顶端钝或具短尖头，宽约 1 cm，近喉部常有很小的鳞片；雄蕊 6，长约为花被的 1/2；花柱细长，柱头不明显 3 裂。蒴果近球形，直径约 1.2 cm，3 瓣开裂；种子黑色，扁平。花期秋季。

生态习性　葱莲喜肥沃土壤、带有黏性而排水好的土壤，喜阳光充足，耐半阴，花期秋季。

繁殖方式　分株法和播种法。

应用价值　葱莲株丛低矮、终年常绿、花朵繁多、花期长，繁茂的白色花朵高出叶端，在丛丛绿叶的烘托下，异常美丽，花期给人以清凉舒适的感觉。适用于林下、边缘或半阴处作园林地被植物，也可作花坛、花径的镶边材料，在草坪中成丛散植，可组成缀花草坪，也可盆栽供室内观赏。

81 麦蓝菜

Vaccaria segetalis

石竹科 Caryophyllaceae　麦蓝菜属 *Vaccaria* Medic.

俗　名　麦蓝子、王不留行。

形态特征　一年生或二年生草本。株高 30~70 cm，全株无毛，微被白粉，呈灰绿色。根为主根系。茎单生，直立，上部分枝。叶片卵状披针形或披针形，长 3~9 cm，宽 1.5~4 cm，基部圆形或近心形，微抱茎，顶端急尖，具 3 基出脉。伞房花序稀疏；花梗细，长 1~4 cm；苞片披针形，着生花梗中上部；花萼卵状圆锥形，长 10~

15 mm，宽 5~9 mm，后期微膨大呈球形，棱绿色，棱间绿白色，近膜质，萼齿小，三角形，顶端急尖，边缘膜质；雌雄蕊柄极短；花瓣淡红色，长 14~17 mm，宽 2~3 mm，爪狭楔形，淡绿色，瓣片狭倒卵形，斜展或平展，微凹缺，有时具不明显的缺刻；雄蕊内藏；花柱线形，微外露；蒴果宽卵形或近圆球形，长 8~10 mm。种子近圆球形，直径约 2 mm，红褐色至黑色。

生态习性 生长于草坡、撂荒地或麦田中，为麦田常见杂草；广泛分布于欧洲和亚洲。中国除华南外，都有分布。性耐寒，怕高温，喜凉爽、湿润气候。对土壤要求不严，一般土地均可种植。忌低洼积水的土地生长。花期 5—7 月，果期 6—8 月。

繁殖方式 一般为种子繁殖。

应用价值 园林观赏植物，可用于花境、花坛种植。

82 短莛山麦冬

Liriope muscari（Decne.）L. H. Bailey

天门冬科 Asparagaceae　**山麦冬属** *Liriope* Lour.

俗　名 阔叶麦冬、阔叶土麦冬、阔叶山麦冬。

形态特征 根细长，分枝多，有时具纺锤形小块根，小块根长达 3.5 cm，径 7~8 mm。根状茎短，木质。叶密集，革质，长 25~65 cm，宽 1~3.5 cm，基部渐窄，有横脉。花莛长达 1 m；总状花序长（12~）25~40 cm，具多花，花 3~8 簇生苞片腋内，苞片近刚毛状，小苞片卵形，干膜质；花梗长 4~5 mm，关节生于中部或中部偏上；花

被片长圆状披针形或近长圆形，长约 3.5 mm，紫或红紫色，花丝长约 1.5 mm，花药近长圆状披针形，长 1.5~2 mm；子房近球形，花柱长约 2 mm，柱头 3 齿裂。种子球形，径 6~7 mm，初绿色，熟时黑紫色。

生态习性 山地、山谷的疏、密林下或潮湿处；海拔 100~1 400 m。花期 7—8 月，果期 9—11 月。

繁殖方式 多选择生长健壮无病的母株进行分株繁殖。

应用价值 可用作园林观赏植物，可用于花境、花坛种植。

83 天门冬

Asparagus cochinchinensis (Lour.) Merr.

百合科 Liliaceae　**天门冬属** *Asparagus* L.

俗　　名　野鸡食、丝冬。

形态特征　攀缘植物。根中部或近末端呈纺锤状，膨大部分长 3~5 cm，径 1~2 cm。茎平滑，常弯曲或扭曲，长 1~2 m，分枝具棱或窄翅。叶状枝常 3 成簇，扁平或中脉龙骨状微呈锐三棱形，稍镰状，长 0.5~8 cm，宽 1~2 mm；茎鳞叶基部延伸为长 2.5~3.5 mm 的硬刺，分枝刺较短或不明显。花常 2 朵腋生，淡绿色；花梗长 2~6 mm，关节生于中部；雄花花被长 2.5~3 mm，花丝不贴生花被片，雌花大小和雄花相似。浆果径 6~7 mm，成熟时红色，具 1 种子。

生态习性　天门冬喜温暖，不耐严寒，忌高温，常分布于山坡、路旁、疏林下、山谷或荒地上。多生于海拔 1 750 m，喜阴、怕强光，花期 5—6 月，果期 8—10 月。

繁殖方式　通常采用播种繁殖。

应用价值　可作为园林花坛、花境种植的材料。天门冬的块根是常用的中药，有滋阴润燥、清火止咳之效。

84 玉簪

Hosta plantaginea（Lam.）Aschers.

百合科 Liliaceae　玉簪属 *Hosta* Tratt.

俗　　名 鬼豆角、落豆秧、草藤、灰野豌豆。

形态特征 根状茎粗厚，径 1.5~3 cm。叶卵状心形、卵形或卵圆形，长 14~24 cm，宽 8~16 cm，先端近渐尖，基部心形，侧脉 6~10 对；叶柄长 20~40 cm。花莛高 40~80 cm，具几花至 10 余花，外苞片卵形或披针形，长 2.5~7 cm，宽 1~1.5 cm，内苞片很小；花单生或 2~3 簇生，长 10~13 cm，白色，芳香；花梗长约 1 cm；雄蕊与花被近等长或略短，基部 1.5~2 cm 贴生花被管。蒴果圆柱状，有 3 棱，长约 6 cm，径约 1 cm。

生态习性 生长于林下、草坡或岩石边。

应用价值 耐阴性好，可用于公园绿地林下、林缘增加植被盖度，园林（彩叶）观赏植物，可用于花境、花坛种植；亦可药用。花果期 8—10 月。

85 藜

Chenopodium album L.

藜科 Chenopodiaceae　藜属 *Chenopodium* Linn.

俗　名　灰条菜、灰藋。

形态特征　一年生草本。株高 30~150 cm。茎直立，粗壮，高达 1.5 m，具条棱及色条，多分枝。叶菱状卵形或宽披针形，长 3~6 cm，宽 2.5~5 cm，先端尖或微钝，基部楔形或宽楔形，具不整齐锯齿；叶柄与叶近等长，或为叶长 1/2。花两性；常数个团集，于枝上部组成

穗状圆锥状或圆锥状花序；花被扁球形或球形，5 深裂，裂片宽卵形或椭圆形，背面具纵脊，先端钝或微凹，边缘膜质；雄蕊 5，外伸；柱头 2；胞果果皮与种子贴生；种子横生，双凸镜形，径 1.2~1.5 mm，周边钝，黑色，有光泽，具浅沟状纹饰；胚环形；种子横生，双凸镜状，直径 1.2~1.5 mm，边缘钝，黑色，有光泽，表面具浅沟纹。

生态习性 生于农田、菜园、村舍附近或有轻度盐碱的土地上。花果期 5—10 月。

繁殖方式 种子繁殖。

应用价值 幼苗可作蔬菜用，茎叶可喂家畜。全草可入药，能止痒，可治痢疾腹泻；配合野菊花煎汤外洗，治皮肤湿疹及周身发痒。果实，有些地区代“地肤子”药用。

危 害 性 分布遍及全球温带及热带，我国各地均产。生于路旁、荒地及田间，为很难除掉的杂草。

86 小藜

Chenopodium ficifolium Sm.

藜科 Chenopodiaceae　藜属 *Chenopodium* Linn.

俗　名　灰菜。

形态特征　一年生草本。株被粉粒。茎直立，高达 50 cm，具条棱及色条。叶卵状长圆形，长 2.5~5 cm，宽 1~3.5 cm，常 3 浅裂，中裂片两边近平行，先端具短尖头，具深波状锯齿，中部以下具侧裂片，常各具 2 浅裂齿。花被近球形，5 深裂，裂片宽卵形，不开展，背面具纵脊；雄蕊 5，外伸；柱头 2，丝形。胞果包在花被内，果皮与种子贴生。种子双凸镜形，径约 1 mm，黑色，有光泽，周边微钝，具六角形细洼状纹饰胚环形。

生态习性　为普通田间杂草，有时也荒地、道旁、垃圾堆等处。花两性，数个团集，于上部分枝上组成顶生圆锥状花序，4—5 月开始开花。

繁殖方式　种子繁殖。

87 碱蓬

Suaeda glauca（Bunge）Bunge

藜科 Chenopodiaceae　**碱蓬属** *Suaeda* Forsk. ex Scop

形态特征 一年生草本。株高达 1 m。茎上部多分枝，分枝细长。叶丝状条形，半圆柱状，稍向上弯曲，灰绿色，无毛，先端微尖，基部稍缢缩；花被 5 裂。两性花花被杯状，长 1~1.5 mm，雄蕊 5，花药长约 0.8 mm，柱头 2，稍外弯；雌花花被近球形，径约 0.7 mm，花被片卵状三角形，先端钝，果时增厚，花被稍呈五角星形，干

后黑色。胞果包于花被内，果皮膜质。种子横生或斜生，双凸镜形，黑色，径约 2 mm，具颗粒状纹饰，稍有光泽，具很少的外胚乳。

生态习性 碱蓬抗逆性强，耐盐，耐湿，耐瘠薄，在河谷、荒地、渠岸、田边潮湿地段和土壤极其瘠薄的盐滩光板地均能正常生长发育。花果期 7—9 月。

繁殖方式 常用种子繁殖。

应用价值 种子含油 25%左右，可榨油供工业用。

88 锦绣苋

Alternanthera bettzickiana (Regel) Nichols.

苋科 Amaranthaceae　**莲子草属** *Alternanthera* Forsk.

俗　名 红草、五色草、红莲子草、红节节草。

形态特征 多年生草本。茎直立多分枝，茎上部四棱形，下部圆柱形，两侧各有一纵沟，在顶端及节部有贴生柔毛。叶片椭圆形、菱形或匙形，顶端急尖或圆钝，有突尖，基部渐狭，边缘皱波状，绿色或红色，或部分绿色，杂以红色或黄色斑纹，幼时有柔毛后脱落；叶柄长 1~4 cm，稍有柔毛。头状花序顶生及腋生，2~5 个丛生，无总花梗；苞片及小苞片卵状披针形，顶端渐尖，无毛或脊部有长柔毛；花被片卵状矩圆形，白色，外面 2 片凹形，背部下半密生开展柔毛，中间 1 片较短，稍凹或近扁平，疏生柔毛或无毛，内面 2 片极凹，稍短且较窄，疏生柔毛或无毛；雄蕊 5，花药条形，其中 1~2 个较短且不育；退化雄蕊带状，高达花药的中部或顶部，顶端裂成 3~5 极窄条；子房无毛，花柱短。果实不发育。

生态习性 喜光，喜高温，极不耐寒，略耐阴，不耐夏季酷热，不耐湿，不耐旱，对土壤要求不严。花期 8—9 月。

繁殖方式 扦插繁殖。

应用价值 锦绣苋植株多矮小，叶色鲜艳，枝叶茂密，耐修剪，是布置毛毡花坛的良好材料，可以不同色彩搭配制成各种花纹、图案、文字等平面或立体的形象。全株可入药，有清热解毒、凉血止血、消积逐瘀功效。

89 菊叶香藜

Dysphania schraderiana (Roem. & Schult.) Mosyakin & Clemants

藜科 Chenopodiaceae　藜属 *Chenopodium* Linn.

俗　　名　菊叶刺藜、总状花藜。

形态特征　一年生草本。全株被多细胞短毛和颗粒状黄色腺体，有香气。茎直立，高达 60 cm，具绿色色条，不分枝或分枝。叶长圆形，长 2~6 cm，宽 1.5~3.5 cm，羽状浅裂，先端钝或尖，有时具短尖头，基部渐窄；叶柄长 0.2~1 cm。复二歧聚伞花序腋生。花两性；花被近球形，径 1~1.5 mm，5 深裂，裂片卵形或窄卵形，具膜质

窄边，背面常具纵脊，果时开展；雄蕊 5，花丝扁平，花药近球形。胞果扁球形，果皮膜质。种子横生，周边钝，径 0.5~0.8 mm，红褐或黑色，有光泽及细纹饰，胚半环形，围绕外胚乳。

生态习性 生长于林缘草地、沟岸、河沿、人家附近，有时也为农田杂草。花期 7—9 月，果期 9—10 月。

繁殖方式 种子繁殖。

90 反枝苋

Amaranthus retroflexus L.

苋科 Amaranthaceae　**苋属** *Amaranthus* L.

俗　名　野苋菜、西风谷。

形态特征　一年生草本。茎粗壮直立，单一或分支，淡绿色，有时带紫色条纹，稍具钝棱，密生短柔毛。叶片菱状卵形或椭圆状卵形，顶端锐尖或尖凹，有小凸尖，基部楔形，全缘或波状缘，两面及边缘有柔毛，下面毛较密；叶柄淡绿色，有时淡紫色，有柔毛。圆锥花序顶生及腋生，直立，由多数穗状花序形成，顶生花穗较侧生

者长；苞片及小苞片钻形，白色，背面有1龙骨状突起，伸出顶端成白色尖芒；花被片矩圆形或矩圆状倒卵形，薄膜质，白色，有1淡绿色细中脉，顶端急尖或尖凹，具凸尖；雄蕊比花被片稍长；柱头3，有时2。胞果扁卵形，环状横裂，薄膜质，淡绿色，包裹在宿存花被片内。种子近球形，棕色或黑色，边缘钝。

生态习性 农田、果园、路旁、草地、荒地常见杂草，有时生在瓦房上。花果期7—9月。

繁殖方式 种子繁殖。

应用价值 种子、全草可入药。

危 害 性 外来入侵植物，适应能力强。花粉可引起人过敏反应。对农作物种子萌发和幼苗生长有抑制作用；入侵农田后与农作物争光、争水、争肥，可造成农作物产量明显受损；同时还是桃蚜、小地老虎、美国盲草牧蝽等重要病虫害的田间寄主，影响栽培作物的生长。具有积累硝酸盐的能力，家畜大量食用可引起慢性中毒。

91 地肤

Bassia scoparia（L.）A. J. Scott

藜科 Chenopodiaceae　**地肤属** *Kochia* Roth

俗　名　扫帚苗、扫帚菜、孔雀松、碱地肤、观音菜。

形态特征　一年生草本。根略呈纺锤形。茎直立，圆柱状，淡绿色或带紫红色，有多数条棱，稍有短柔毛或下部几无毛，基部半木质化，茎上分枝多而细；叶为平面叶，披针形或条状披针形，无毛或稍有毛，先端短渐尖，基部渐狭入短柄，通常有 3 条明显的主脉，边缘有疏生的锈色绢状缘毛；茎上部叶较小，无柄，1 脉。花两性

或雌性，通常 1~3 个生于上部叶腋，构成疏穗状圆锥状花序，花下有时有锈色长柔毛；花被近球形，淡绿色，花被裂片近三角形，无毛或先端稍有毛；翅端附属物三角形至倒卵形，有时近扇形，膜质，脉不很明显，边缘微波状或具缺刻；花丝丝状，花药淡黄色；柱头 2，丝状，紫褐色，花柱极短。胞果扁球形，果皮膜质，与种子离生。种子卵形，黑褐色，稍有光泽。

生态习性 适应性较强，喜温、喜光、耐干旱，不耐寒，对土壤要求不严格，较耐碱性土壤。生于田边、路旁、荒地等处。公园绿地中可见散落种子自然长出的植株。花期 6—9 月，果期 7—10 月。

繁殖方式 种子繁殖。

应用价值 可用于花境、花坛、花丛、花篱或盆栽、造型。幼苗可做蔬菜，果实称“地肤子”为常用中药，能清湿热利尿、治尿痛、尿急、小便不利及荨麻疹，外用治疗皮肤癣及阴囊湿疹。老株可作扫帚。

92 兔儿尾苗

Pseuddysimachion longifolium （L.） Opiz

车前科 Plantaginaceae　**兔尾苗属** *Pseudolysimachion* （W. D. J. Koch） Opiz

俗　　名 长尾婆婆纳、长叶婆婆纳、长叶水苦菜。

形态特征 茎单生或数支丛生，近于直立，不分枝或上部分枝，高 40 cm 至 1 m，无毛或上部有极疏的白色柔毛。叶对生，偶 3~4 枚轮生，节上有一个环连接叶柄基部，叶腋有不发育的分枝，叶柄长 2~4 mm，偶达 1 cm，叶片披针形，渐尖，基部圆钝至宽楔形，有时浅心形，长 4~15 cm，宽 1~3 cm，边缘为深刻的尖锯齿，常夹有重锯齿，两面无毛或有短曲毛。总状花序常单生，少复出，长穗状，各部分被白色短曲毛；花梗直，长约 2 mm；花冠紫色或蓝色，长 5~6 mm，筒部长占 2/5~1/2，裂片开展，后方一枚卵形，其余长卵形；雄蕊伸出。蒴果长约 3 mm，无毛，花柱长 7 mm。

生态习性 生于草甸、山坡草地、林缘草地、林下。花期 6—8 月。

繁殖方式 种子繁殖。

应用价值 嫩苗可食。

93 红花钓钟柳

Penstemon barbatus（Cav.）Nutt.

车前科 Plantaginaceae　**钓钟柳属** *Penstemon* Schmidel

俗　　名　草本象牙红。

形态特征　多年生草本，株高达 90 cm。单叶，对生或基生，披针形、线形，全缘，光滑或有毛。总状花序，亮红色，小花长 2.5 cm；花冠二唇裂，下唇反卷有毛；上唇突出；雄蕊 5 枚，雌蕊 1 枚；花期夏季，蒴果秋季成熟。有粉花及红花栽培品种。

生态习性 性喜温暖，耐旱，喜光亦耐半阴。

繁殖方式 播种或分株繁殖。

应用价值 红花钓钟柳具常绿基生叶，观赏期长，花期恰在6—7月花的淡季，管理简易粗放，适合布置多年生花坛、花境、路边及草地边缘。切花可用于室内装饰。

94 阿拉伯婆婆纳

Veronica persica Poir.

玄参科 Scrophulariaceae **婆婆纳属** *Veronica* L.

俗　　名 波斯婆婆纳、肾子草。

形态特征 一至二年生，铺散多分枝草本。茎密生两列柔毛，自基部分枝，下部倾卧。叶 2~4 对（腋内生花的称苞片），具短柄，卵形或圆形，基部浅心形，平截或浑圆，边缘具钝齿，两面疏生柔毛。总状花序很长；苞片互生，与叶同形且几乎等大；花梗比苞片长；花萼花期短，果期增大，裂片卵状披针形，有睫毛，三出脉；花冠蓝色，裂片卵形至圆形，喉部疏被毛；雄蕊短于花冠。蒴果肾

形，被腺毛，成熟后几乎无毛，网脉明显，凹口角度超过 90°，裂片钝，宿存的花柱超出凹口。种子背面具深的横纹。

生态习性 林边、路旁、田间、荒野。花果期 4—6 月。

繁殖方式 种子繁殖。

应用价值 可作园林观赏植物，其蓝色小花瓣很美丽，可作林下植物。

95 金灯藤

Cuscuta japonica Choisy

旋花科 Convolvulaceae　**菟丝子属** *Cuscuta* Linn.

俗　　名　日本菟丝子、无娘藤、飞来藤、金丝草。

形态特征　一年生寄生缠绕草本，植株以吸器附着寄主生存。茎肉质，丝状且光滑，黄色，常被紫、红色瘤点，无毛，多分枝，无叶。穗状花序，基部常分枝；花无梗或近无梗；苞片及小苞片鳞状卵圆形；花萼碗状，肉质，5裂几达基部，裂片卵圆形，常被紫红色瘤点；花冠钟状，淡红或绿白色，5浅裂，鳞片5，长圆形，边缘流苏状，长达冠筒中部，花柱细长，与子房近等长，柱头2裂，裂片舌状；蒴果卵圆形，近基部周裂；种子光滑，褐色。

生态习性　喜高温湿润气候，对土壤要求不严，适应性较强。金灯藤寄主范围广，除寄生草本植物外，还能寄生藤本植物和木本植物。对禾本科植物如水稻、芦苇和百合科植物如葱也能寄生和危害。花期8月，果期9月。

繁殖方式　种子繁殖。

应用价值　种子可入药，功效同菟丝子。

危 害 性　金灯藤属恶性寄生杂草，本身无根无叶，以茎缠绕寄主，在接触点形成吸根进入寄主组织，吸取寄主植物的养分和水分，还造成寄主输导组织的机械性障碍。其缠绕茎能不断伸长，蔓延，严重时整株寄主植物布满金灯藤，使受害植株生长不良，甚至造成寄主死亡。苗木和花卉均可受金灯藤寄生危害，枝条被寄生物缠绕而生缢痕，生长不良，树势衰落，轻则影响植株生长和观赏效果，重则致全株死亡。

96 田旋花

Convolvulus arvensis L.

旋花科 Convolvulaceae　**旋花属** *Convolvulus* Linn.

俗　名　小旋花、中国旋花、箭叶旋花、狗狗秧、拉拉菀。

形态特征　多年生草本。根状茎横走，茎平卧或缠绕，有条纹及棱角，无毛或上部被疏柔毛。叶卵状长圆形至披针形，先端钝或具小短尖头，基部大多戟形，或箭形及心形，全缘或 3 裂，侧裂片展开，微尖，中裂片卵状椭圆形，狭三角形或披针状长圆形，微尖或近圆；叶柄较叶片短；叶脉羽状，基部掌状。花序腋生，总梗长 3~8 cm，1 或有时 2~3 至多花，花柄比花萼长得多；苞片 2，线形；萼片有

毛，稍不等长，2个外萼片稍短，长圆状椭圆形，钝，具短缘毛，内萼片近圆形，钝或稍凹，或多或少具小短尖头，边缘膜质；花冠宽漏斗形，白色或粉红色，或白色具粉红或红色的瓣中带，或粉红色具红色或白色的瓣中带，5浅裂；雄蕊5，稍不等长，较花冠短一半，花丝基部扩大，具小鳞毛；雌蕊较雄蕊稍长，子房有毛，2室，每室2胚珠，柱头2，线形。蒴果卵状球形，或圆锥形，无毛。种子4，卵圆形，无毛，暗褐色或黑色。

生态习性 多年生根蘖杂草，喜潮湿肥沃的黑色土壤，常生长于农田内外、荒地、草地、路旁、沟边，枝多叶茂，相互缠绕。花期5—8月，果期7—9月。

繁殖方式 根茎和种子繁殖。

应用价值 可作饲草，全草及花可入药，调经活血，滋阴补虚。

危 害 性 对小麦、玉米、棉花、大豆等农作物和果树有危害。大发生时，常成片生长，密被地面，缠绕向上，抑制作物生长，造成作物倒伏。

97 打碗花

Calystegia hederacea Wall.

旋花科 Convolvulaceae　**打碗花属** *Calystegia* R. Br.

俗　　名　打碗碗花、小旋花、面根藤、狗儿秧、喇叭花。

形态特征　一年生草本。全体不被毛，植株通常矮小，常自基部分枝，具细长白色的根。茎细，缠绕或平卧，有细棱。基部叶片长圆形，顶端圆，基部戟形，上部叶片 3 裂，中裂片长圆形或长圆状披针形，侧裂片近三角形，全缘或 2~3 裂，叶片基部心形或戟形；花单生叶腋，1 朵，花梗长于叶柄，有细棱；苞片宽卵形，顶端钝或锐尖至渐尖，包被花萼，宿存；萼片长圆形，顶端钝，具小短尖头，内萼片稍短；花冠淡紫色或淡红色，漏斗状，冠檐近截形或微裂；雄蕊近等长，花丝基部扩大，贴生花冠管基部，被小鳞毛；子房无毛，柱头 2 裂，裂片长圆形，扁平。蒴果卵圆形，光滑，宿存萼片与之近等长或稍短。种子黑褐色，卵圆形，表面有小疣。

生态习性　为公园、绿地、荒地、路旁常见杂草。

繁殖方式　种子繁殖。

98 牵牛

Ipomoea nil（L.）Roth

旋花科 Convolvulaceae　**牵牛属** *Pharbitis* Choisy

俗　　名 黑丑、勤娘子、大牵牛花、筋角拉子、喇叭花、牵牛花、朝颜、二牛子、二丑、大花牵牛。

形态特征 一年生草本。株长 2~5 m。茎缠绕。叶宽卵形或近圆形，长 4~15 cm，3（~5）裂，先端渐尖，基部心形；叶柄长 2~15 cm；花序腋生，具 1 至少花，花序梗长 1.5~18.5 cm；苞片线形或丝状，小苞片线形；花梗长 2~7 mm；萼片披针状线形，长 2~2.5 cm，内

2 片较窄，密被开展刚毛；花冠蓝紫或紫红色，筒部色淡，长 5~8（~10）cm，无毛；雄蕊及花柱内藏；子房 3 室。蒴果近球形，径 0.8~1.3 cm。种子卵状三棱形，黑褐色或米黄色，长 5~6 mm，被微柔毛；种子卵状三棱形，长约 6 mm，黑褐色或米黄色，被褐色短绒毛。

生态习性 牵牛多生于海拔 100~200（~1 600）m 的山坡灌丛、干燥河谷路边、园边宅旁、山地路边。喜温暖向阳环境，耐干旱、瘠薄，适应性较强，对气候土壤的要求不严，但以温和的气候和中等肥沃的砂质壤土为宜。

繁殖方式 种子繁殖。

应用价值 牵牛花期较长，常用作园林观赏性植物。

99 虞美人

Papaver rhoeas L.

罂粟科 Papaveraceae　罂粟属 *Papaver* L.

俗　　名　丽春花、赛牡丹、满园春。

形态特征　一年生草本。全体被伸展的刚毛，稀无毛。茎直立，高 25~90 cm，具分枝，被淡黄色刚毛。叶互生，叶片轮廓披针形或狭卵形，长 3~15 cm，羽状分裂，下部全裂，全裂片披针形和二回羽状浅裂，上部深裂或浅裂、裂片披针形，最上部粗齿状羽状浅裂，顶生裂片通常较大，小裂片先端均渐尖，两面被淡黄色刚毛，叶脉在背面突起，在表面略凹；下部叶具柄，上部叶无柄。花单生于茎和分枝顶端；花梗长 10~15 cm，被淡黄色平展的刚毛。花蕾长圆状倒卵形，下垂；萼片 2，宽椭圆形，长 1~1.8 cm；花瓣 4，圆形、横向宽椭圆形或宽倒卵形，长 2.5~4.5 cm，全缘，稀具圆齿状或顶端缺刻状，紫红色，基部通常具深紫色斑点；花丝丝状，深紫红色，花药长圆形，黄色；子房倒卵形，无毛，柱头 5~18，辐射状，连成扁平、边缘圆齿状的盘状体。蒴果宽倒卵形，长 1~2.2 cm，无毛，具不明显的肋。种子肾状长圆形，长约 1 mm。

生态习性　耐寒，怕暑热，喜阳光充足的环境，喜排水良好、肥沃的砂壤土。不耐移栽。花果期 3—8 月。

繁殖方式　种子繁殖。

应用价值　园林（彩叶）观赏植物，可用于花境；花坛种植，亦可药用，有镇咳、止泻、镇痛、镇静等功效；种子含油 40%以上。

100 附地菜

Trigonotis peduncularis（Trev.）Benth. ex Baker et Moore

紫草科 Boraginaceae　**附地菜属** *Trigonotis* Stev.

俗　　名 地胡椒、伏地菜、伏地草、黄瓜香。

形态特征 一年生草本。茎通常多条丛生，稀单一，密集，铺散，高 5~30 cm，基部多分枝，被短糙伏毛。基生叶呈莲座状，有叶柄，叶片匙形，先端圆钝，基部楔形或渐狭，两面被糙伏毛，茎上部叶长圆形或椭圆形，无叶柄或具短柄。花序生茎顶，幼时卷曲，后渐次伸长，通常占全茎的 1/2~4/5，只在基部具 2~3 个叶状苞片，其余部分无苞片；花梗短，花后伸长，顶端与花萼连接部分变粗呈棒状；花萼裂片卵形，先端急尖；花冠淡蓝色，筒部甚短，5 裂片平展，倒卵形，先端圆钝，喉部附属 5，白色或带黄色；花药卵形，先端具短尖。小坚果 4，斜三棱锥状四面体形，有短毛或平滑无毛，背面三角状卵形，具 3 锐棱，腹面的 2 个侧面近等大而基底面略小，凸起，具短柄，向一侧弯曲。

生态习性 生于田野、路旁、荒草地或丘陵林缘、灌木林间。早春开花，花期甚长。

繁殖方式 种子繁殖。

应用价值 全草具药用价值；嫩叶可供食用；花美观，可用以点缀花园。

101 黄花酢浆草

Oxalis pes-caprae Linn.

酢浆草科 Oxalidaceae **酢浆草属** *Oxalis* L.

俗　　名 酸三叶、酸醋酱、鸠酸、酸味草。

形态特征 多年生草本，株高 5~10 cm，根茎匍匐，具块茎，地上茎短缩不明显或无地上茎，基部具褐色膜质鳞片；叶多数，基生，无托叶，叶柄长 3~6 cm，基部具关节；小叶 3，倒心形，长约 2 cm，宽 2~2.5 cm，先端深凹陷，基部楔形，两面被柔毛，具紫斑；伞形花序基生，明显长于叶，总花梗被柔毛；苞片狭披针形，长 2.5~4 mm，

宽约 1 mm，先端急尖；花梗与苞片近等长或稍长，被柔毛，下垂；萼片披针形，长 4.5~6 mm，宽 1.5~2 mm，先端急尖，边缘白色膜质，具缘毛；花瓣黄色，宽倒卵形，长为萼片的 4~5 倍，先端圆形、微凹，基部具爪；雄蕊 10，2 轮，内轮长为外轮的 2 倍，花丝基部合生；子房被柔毛；蒴果圆柱形，被柔毛，种子卵形。

生态习性 喜向阳、温暖、湿润、光照充足环境；对土壤适应性较强，一般园土均可生长。生于草地、河谷沿岸、路边、田边、荒地或林下阴湿处等。

繁殖方式 种子繁殖、分株繁殖。

应用价值 可用于公园绿地林下、林缘增加植被盖度，全草可入药。

102 大丽花

Dahlia pinnata Cav.

菊科 Compositae　**大丽花属** *Dahlia* Cav.

俗　名　大理花、大丽菊、地瓜花、洋芍药、苕菊、大理菊、西番莲、天竺牡丹、苕花。

形态特征　多年生草本。块根棒状。茎多分枝，高达 2 m。叶一至三回羽状全裂，上部叶有时不裂，裂片卵形或长圆状卵形，下面灰绿色，两面无毛。头状花序有长花序梗，常下垂，径 6~12 cm；总苞片外层约 5，卵状椭圆形，叶质，内层膜质，椭圆状披针形；舌状

花1层，白、红或紫色，常卵形，先端有不明显3齿，或全缘；管状花黄色，有时栽培种全为舌状花。瘦果长圆形，长0.9~1.2 cm，黑色，有2个不明显的齿。

生态习性 花期6—12月，果期9—10月。

繁殖方式 种子繁殖。

应用价值 适于花坛、花径丛栽，另有矮生品种适于盆栽。

参考文献

李小伟，林秦文，黄维. 宁夏植物图鉴：第一卷[M]. 北京：科学出版社，2021.

李小伟，吕小旭，黄文广. 宁夏植物图鉴：第二卷[M]. 北京：科学出版社，2020.

李小伟，吕小旭，朱强. 宁夏植物图鉴：第三卷[M]. 北京：科学出版社，2020.

李小伟，黄文广，窦建德. 宁夏植物图鉴：第四卷[M]. 北京：科学出版社，2021.

黄璐琦，李小伟. 贺兰山植物资源图志[M]. 福州：福建科技出版社，2017.

马德滋，刘惠兰，胡福秀. 宁夏植物志：第二版[M]. 银川：宁夏人民出版社，2007.

程积民，朱仁斌. 六盘山植物图志[M]. 北京：科学出版社，2014.

朱宗元，梁存柱. 贺兰山植物志[M]. 银川：阳光出版社，2011.